捨てられたペットたちの
リバーサイド物語《ストーリー》

―いのちを救う保護施設―

高野山真言宗僧侶
心理カウンセラー
塩田妙玄

ハート出版

はじめに

はじめまして。高野山真言宗僧侶の塩田妙玄です。

今までの著作本や漫画、ブログ等をお読みくださっている方には、おなじみの「ゆるりん坊主（ブログタイトルでもあり）」です。

はじめましての方に、少し自己紹介をさせていただきますね。

私は若いころトリマー（犬の美容師）の資格を取得し、動物病院の店舗を借り、ほぼ大型犬専門の犬の美容室をやっていました。若さもあり、長年無理を重ねて腰を壊し、長期療養後、腰痛が治りきらずに中腰《ちゅうごし》が多いトリマーという職業を廃業。

その後、都心で旅行会社・商社ＯＬなど事務職をしていましたが、どうにも事務とその頃に導入が始まったパソコンの操作ができずに、会社員という世界からドロップアウトをしました。

自分のやりたいことも、目的もわからない人生は、長く苦しいものでした。

そんな中、冒険家・植村直己さんに憧れ、私も何か冒険をしよう！　と計画し、アラスカやブラジル、パラグアイ、アルゼンチンなどバックパックの旅へ。最終的には「アラスカで犬ぞりの大会に出よう！」と、帰国後すぐに、シベリアンハスキーの♂《オス》と暮らし始めます。

このハスキーのしゃもんとの出会いが、私の人生のターニングポイントになりました。

しゃもんと筆者

それから私の運命は本格的に、ものすごい勢いで動き出します。

しゃもんは生まれつき肝臓や膵臓に障害を持っていたので、渡米はできませんでしたが、私はこの野生的な犬に魅了されます。もうぞっこんってやつ！（笑）

とにかく、この犬と一緒にいたい一心で、ペットライターを始め、しゃもんを相棒（モデル犬）にして、全国のペット関係施設の取材に明け暮れました。

同時に、漫画家のやくみつる先生のアシスタント、また母校である東京愛犬専門学校の美学の講師として、長きにわたるお勤めを始めました。

再び戻ってきたペットの世界に私は夢中になり、ペットライター、アシスタント、専門学校講師とこの三足のわらじをはきながら、独学でしゃもんを訓練し、仕事を終えては、何日もしゃもんと山でテントを張って山登りの日々。

日が昇る前から山に入り、一緒に山肌を疾走し、崖を下り、川を渡り、夕暮れにテントに戻る。飛ぶ・走る・渡る・泳ぐ・登る・探す・戻る。自然の中でしゃもんはこれらの全てを自分で考えて行動していました。アウトドア能力が抜群に高いハスキー犬が、犬としての本能をあますことなく発揮する。その見事な美しさを見たくて私は寝る間も惜しんで、彼と山に通ったものです。

この至福の時間が、私の人生の黄金期だったのだと思います。自分の好きなことを思う存分満喫し、自分と自分が好きなもののためだけに使う時間。自分たちの幸せで完結する世界。

ライターの仕事はしゃもんが亡くなったときに、いくつかの疑問とともに、自分の中での終わりを感じました。

いくつかの疑問とは、次の三つです。

(1)世の中には不幸な子がたくさんいるのに、1頭の犬にこんなに高度医療を施して、こんな莫大なお金をかけて良いのだろうか？

(2)私とうちの子だけの世界は至福の世界だったが、はたして自分たちだけが良ければいいのだろうか？

(3)しゃもんと出会って、しゃもんから学んだ多くのことを、私一人が抱えているだけでいいのだろうか？

その後、漠然とその疑問は消化できないまま、心理カウンセリング学・生理栄養学・陰陽五行算命学という、「心・身体・持って生まれた個性（宿命）」を学び、カウンセラーに転身。

人の生・老・病・死のご相談に触れるたびに、「生と死」を正当に伝えたい、と思うようになりました。またいくつかのやりたい目標のために、「そうだ！僧侶になろう！」「僧侶になったら、今やりたいと思っていることがみんなできる！」と、思いつきます。

その後、飛騨千光寺の大下大圓住職のもとで得度。東京から飛騨まで修行に通わせていただき、さらに高野山に入山。高野山で修行後、正式な「高野山真言宗僧侶」となり、カウンセリング業と兼任の日々が始まったのです。

この同時期、私にはもうひとつの大きなご縁がありました。

高齢で重篤な持病を持ちながら、捨てられた犬猫を自己資金で保護している人がいるから会ってみないか？　というお誘いでした。

そのころ私は自分のできる範囲でやっていた、動物の保護団体への寄付だけでなく、直接動物たちに触れ、何かをやりたいと考えはじめていたところでした。

紹介されたのが〝愛さん（仮名）〟という初老の男性がやっていた個人施設です。

初めて愛さんの施設を見たときに、ビリビリビリリーーー！　全身を稲妻が駆け抜けたように感じたのです。ペットライターとして、たくさんの保護施設やたくさんの愛護・保護活動家の取材をしてきた私が、このような衝撃を受けたのは初めてのこと。

翌日から私は愛さんの施設のボランティアに、日参するようになったのです。

そんな施設の近くには、河川敷とホームレス集落がありました。

愛さんは捨てられた犬猫の保護だけでなく、はからずも周辺のホームレスさんの相談役になっていたのです。今までに自己資金のみで、５００頭もの犬猫を保護、里親に出し、施設の運営費を稼ぐだけでも大変なのに、周辺のホームレスさんは次から次へと問題を持ち込んできます。

それは、「段ボールに入れられた子猫を拾った」「怪我した猫を連れてきた」「病気のタヌキを連れてきた……」それこそ、広大な河川敷のあちこちから持ち込まれる動物たち。それに加えて万引きした、病気になった、ケンカで刃傷沙汰になった、というトラブル、自分がしでかしたことの後始末を愛さんに頼る、といったことを際限なく持ち込むホームレスたち。

初めて関わる犬猫保護施設の内容と、ホームレスの世界は、私の世界観を根底から変え、高野山では体験できないような、忍耐や修行の場を与えてくれました。

ここらへんの『河川敷ホームレスと猫たちの物語（仮題）』（ハート出版）はまた、次作で書こうと思っていますので、ぜひ、「あなたの知らないホームレスと猫たちの世界」をお楽しみにしてくださいね♪

一般の人から捨てられる犬や猫、それを拾ったホームレスさんが、次々に愛さんの施設に持ち込んでくるという際限なき負のループ。一般の人と違って家やお金を持たないホームレスさんたちから、犬や猫、傷ついた野生動物を持ち込まれると、愛さんは断る術《すべ》を持ちません。愛さんはどんなときでも、持ち込まれた動物たちを黙って引き取り、どんな子でも必ず病院に連れて行きました。

また、河川敷のホームレスさんたちの相談にも乗り、ときには叱り、諭し、またあるときは福祉に話をつないで入院できるようにしたり、なけなしのお金を渡したり……。

そんなこともやっていました。家族からも絶縁され、誰からも相手にされない彼らの最後の頼みの綱が愛さんです。それでも、そんな恩人に対しても、彼らの恩を仇で返す行為は日常茶飯事。

私たち密教僧は不動明王をご本尊とした護摩を焚き、祈願する行《ぎょう》を行ないます。荒々しいお姿ながら、みずからも炎の中で救済していく不動明王。私にはお不動さんと愛さんの所業が重なって見えたものです。

ご本人は「ただ必死でやってきただけ。使命とか思わんよ」そう言いますが……。

そんな愛さんの施設を、私は２００９年からボランティアとしてお手伝いしているのですが、そこは合理性・コストパフォーマンス・計画性という、健全で常識的な社会性とは相反する場所でした。

どんなに節約しても、計画を立てても、ホームレスさんから喰らう一撃（動物の持ち込みやトラブル・事件）で、全てがめちゃめちゃに。それこそ、愛さんも私も仕事をしながらのボラは、目の前の子を助けるだけで精一杯の毎日。

本書は、そんな愛さんの個人施設で保護された犬猫たちの物語です。

いたるところに起こった出来事に関しての、資金の困窮のこぼし話がありますが、個人の収入のみでやってるところなもので、これも現実、とあえてそのときの状況・気持ちのまま書きました。そんなことも個人の保護施設の苦しさであり現状です。そのあたりは温かいまなざしでお読みくださいませ。

ようこそ、妙玄ワールドへ。どうぞお楽しみください！

捨てられたペットたちのリバーサイド物語《ストーリー》　目次

目次

第1話

奇跡のゴロー

ゴロー

その日、私は焦っていた。これから執筆の仕事の打ち合わせがあり、担当さんと待ち合わせをしているのだ。遅れない余裕をもった時間を私が指定させてもらい、夜10時の待ち合わせだったのが、すでにもう9時を過ぎている。それなのに私はまだ施設にいた。

犬の散歩から戻ると、室内のあちこちにマーキング（おしっこ）されているのを発見してしまい、あわてて拭いていると、背後で「ウギャアー‼」と、猫の断末魔の声。

「コラァー！　やめなさーい」すぐにケンカの仲裁に入る。ほかの子の治療や消毒、服薬などに手間取り、さらにこんなふうに人が焦っているときに限って、猫は一番高い場所からゲロを吐いたり、下痢を飛び散らかしたりするのだ。私はこれらは、わざとだと思っている。

担当さんには30分遅れることを連絡したのだが、その30分にも遅刻しそうなのである。

施設ボラにかかわってから、こんなことの繰り返しで、人との約束が怖くてできない。待ち合わせをする友人たちは一様に「そんなの気にするな」と言ってくれるのだが、毎回ドタキャン。誰だって忙しい昨今、友人たちだって出かけるときは、仕事や家庭の都合をつけてくれたり、親の看護を頼んだりと、前もって予定してくれているのに……。

とはいえ、施設では命にかかわることが多く、いかんともしがたい。

愛さんが仕事で忙しいときなどは、私はひとりで作業や雑務をこなす。この日もようやっと病気の子のお世話を終え、施設を車で飛び出した。

（う〜ん。私はいちボランティアの身で、毎日のこの労働時間はかなりキツイよなぁ）

そんなことを思いつつ、急いで車を出そうとすると、施設近くの河川敷に住む猫の餌やり命の60半ばのホームレス、高原さん（ホームレスさんの名前は、以下全て仮名です）が私を呼び止めた。どうやら私を待っていたらしく、手には段ボール箱を持っている。超やな予感。

「妙玄さん、この子大変なんだよ！　腰が変なんだ。立てないんだよ。病院に連れて行って‼」

「猫の餌やりをしてたら、河川敷の土手の上から転がってきたんだよ。全然立てないみたいで、ごろごろ転がり落ちてきて、俺、すごくビックリしたよ！」

高原さんは興奮気味で、一方的に状況を話している。

恐る恐る段ボールを覗くと、少し毛足の長い茶色の猫がぐったりと動かず、四肢はだらりと力なく、目は開いたまま宙を泳いでいる。見るからにおおごとだ。

言葉なく躊躇《ちゅうちょ》している私を見て、高原さんが声を強める。

「どうしたの？　預かってすぐに病院に連れて行ってくれるでしょう？」

ふたつ返事で了解しない私に、高原さんは怪訝な表情。

河川敷に何十人もいるホームレスさんたちが、あちこちで見つけた訳ありな猫や子猫をどんどん持ち込んでくるから、施設のシェルターはいつも満杯。このようなケガをした猫は受け取らざるを得ないのだが、ふたつ返事で受け取っていたら、それこそ河川敷中の猫を持ち込まれてしまう。ホームレスさんたちは、一切お金を支払うわけではなく、持ち込んだ猫を置いていくだけなのだ。ここはあくまでも愛さんが、お勤めしている個人の収入だけでやっているところなので、何とか持ち込みをセーブするような対応も必要なのだが、このような状況が多く、引き取らざるを得ないのが現状だった。

「う～ん、重症みたいだし、病院代がいくらかかるかな、って」

思わず本音をこぼすと、高原さんがいきなり声を荒げ、怒鳴りだした。

「じゃあ、こいつどうするの⁉　あんたは、こいつをこのまま土手に返せっていうのか‼」

「高原さん、そんなこと言ってないでしょう。ただ、こんな重症の子は、お金だっていくらかかるか分からない。病院に行ったら病院代を払わないとならないの。それに先週、高原さんが持ってきた子猫6匹の病院代の工面とお世話で、私も今、手いっぱいなんですよ。このところ、愛さんは息が浅くて体調悪いし……。簡単には受け取れないんですよ」

いつも「かわいそうな猫がいる」と、ただ猫を連れてきて、病院代の相談も今後の世話の話もせず、ただ猫を置いていこうとする彼に、静かな口調でそう言ったのだが、高原さんはさらに興奮して、「愛さんは病院代も払えないほどお金がないの⁉」と問い、さらに、

「ああそう！　じゃあ、こいつはこのまま死ねばいいんだね！　こいつはこのまま死ぬのも運命だよな。ああそうかい、こいつはこのまま死ねばいいってゆーんだな‼」

激高してそんな言葉を投げつけられる。

「高原さん、そういう言い方は脅迫だよ」思わずそう言うと、

「妙玄さんが、そんなグダグダ言うなら、もういいよ！　俺は見捨てられないから連れて来たのに。これで見殺しにされても、こいつの運命ってことだな‼」

「高原さん、病院には連れて行くよ。愛さんは今までだってこういう子は全て引き取って、病院に連れていって、その後もお世話をしているの高原さんも知っているよね？　ただね、こんな重症な子は数十万かかるかもしれないし、この子用の工夫した場所も必要、そのあとも介護補助が必要なんだよ。野良さんを「かわいそう」と、ただ連れて来れてくるのは簡単だけど、猫を受け取るほうは、この子の一生その全てを抱えないとならないんだよ」そう言うと、

「グダグダ言うなよ！　もういいよ！　こいつは死ねばいいんだろ！」と繰り返す。

私はひと呼吸おいて、逆切れして怒鳴り散らしている高原さんから、そっと茶トラを受け取った。

「高原さん、もう怒鳴らなくていいよ。大丈夫、安心して。この子は預かって明日、病院連れて行くから。明日また、愛さんがいる時間に寄ってくださいね」

これ以上、会話する時間も気力もなかったのでそう言うと、高原さんは急に静かになり、「お願いします」と、帰っていった。

彼はいつも猫を持ってくるときは、必ず愛さんが不在で、私だけがいる時間に来る。さすがに愛さんにこんな言い方はできないからだろう。

ここ河川敷では、こんなビックリ仰天の出来事や会話パターンが多々ある。このように程度の差はあれ、全てのホームレスさんはコミュニケーション不全を抱えている。このような状態だから、彼らは家族をはじめ周囲とトラブルを起こし、家族からも社会からも逃げて、流れ流れて、河川敷でホームレスをしているのだ。ホームレスの彼らはみな「人間関係はめんどくさい。自分はうまくできない」というが、めんどくさくない人間関係なんて、いつの時代どこの世界にもないのである。私たちのほとんどの生活はデジタル化・合理化されていったが、唯一、人類が合理化できなかったのが人間関係だと言われている。

そして、そのめんどくさいコミュニケーションを学習しないで、失敗しないで、うまくできる人なんていないのだ。私たちはどんな環境にあっても必ず、人間関係のめんどくささは抱えているもの。ここ河川敷のホームレスさんたちは、程度の差はあれ、悪い人ではないがダメな人のるつぼである。そんなダメな人たちがみな愛さんを頼って、施設に関わってくるからややこしい。

待ち合わせの編集さんに電話で事情を説明し、米つきバッタのように頭を下げ、謝罪し、茶トラを連れて施設に戻る。

急いでこの子の居場所を作らないとならない。明るいところでよく見ると茶トラに外傷はなく、だら〜んと四肢が伸び切って、首から下が動かないようだった。

「腰じゃない。脳だ……」

脳の神経障害か？　いずれにしろ重症だ。この子が苦しくなさそうなのは、この状況で救われた点である。

ノミがものすごかったので、できるだけノミを取り、ノミ取り薬をつけた。

「首から下が動かないのに、こんなにノミにたかられているなんて、かゆかったねぇ……」

そういいながら、ノミをとった全身を丁寧にかいていくと、かすかに体を震わせた。

「気持ちいい？　かきたかったよね」

猛烈にかゆいのに掻けない。これは本当に苦しかっただろう。

じわりと涙がこみ上げる。

この子は首から下が動かない。こんな状態になってから河川敷に捨てられたのだと思う。まず、この状態で野良でいられるはずがない。そして、この子の少し毛足の長い柔らかな毛は、ほとんど毛玉がなかった。この毛で野良をやっていたら、もっと毛玉ができているはず。そして、この子の爪は泥もついてなく、きれいなのだ。

（こんな状態の猫を捨てるんだ……）

座り込んだまま、ぽろぽろと涙がこぼれる。

硬直した四肢を伸ばしたまま、大きな瞳は見開いて宙を見ている。動かない身体のまま河川敷に捨てられて、どんなに怖かったことだろう。その瞳にはいったいどのような光景がうつっていたのだろうか？　されるがままの茶トラをなでながら、

「捨てられて良かったね。そんな家、出られて良かったね。あなたはラッキーだね」

こんな言葉が口から飛び出す。もうお金の心配より、この子にたいする憐憫《れんびん》の思いのほうが強くなっていた。

こんな施設ボラをしていると、よく友人たちから「全てのかわいそうな猫を助けられるわけではないんだから、ときには片目をつぶらないと」そう言われるのだが、この本を読んでくださっている、おそらく猫好き、動物好きの方は、足元にこの子がいたら果たして、またいで通れるだ

ろうか？？？

ここ河川敷では、このようなことは日常茶飯事。この子をまたいで通れたら、そもそもこんな果てしないボラなどやっていない。ここは、合理化や損得勘定と対極にある、不条理と刹那《せつな》が入り乱れる場所なのだから。それでも、ここで懸命に生きている命もあるのだ。

「高原さんは、あなたの救いの神か？　ふぅ……」

いかんともしがたい思いに、ため息がもれた。

ご飯は食べられるのかな？　どうやって食べるんだろう、と思いつつ、ドライと缶詰を盛ったお皿を鼻先に置いたら、一生懸命首だけをおこし、必死に口を近づけ、ガツガツ、ペロリとたいらげた。

「おなか空いてたんだね。もう少しだけ食べようか」

保護当時の四肢が硬直して伸び、首から下が動かない状態

すると、おかわりのご飯もきれいにたいらげた。自力で食べられることが確認できて、ひと安心。

「あまりいっぺんに食べるといけないから、また明日たくさん食べようね」そう声をかける。

「おトイレは無理だよなぁ……」

大きなサークルケージにふかふかのお布団、その上にペットシーツを敷き詰める。

「そのままおしっこして大丈夫だよ。今日はもう病院は終わっているから、明日行って先生に診てもらおうね」

そう声をかけ、小柄な体をさすって、ようやく帰路につく。もう深夜11時過ぎ。

土手からごろごろと転がり落ちてきたって言ってたから、ゴローちゃんにしよう。オス顔だし。

愛さんに無断でゴローと命名。


翌日、事情を知った愛さんと一緒に病院へ。レントゲン・血液検査・エコーなどで見てもらうも、全身マヒの原因は特定できなかった。

「う～～ん、外傷も骨の損傷もないから、脳の神経だろうねぇ。効果があるか分からないけど、神経の薬飲んでみようか」と院長先生。病院でもゴローは、四肢を伸ばして、転がったままだった。立たせようとしても、力が入らないのか、ごろ～んと転がってしまう。やはり首から下がうまく動かせないようだった。

ただ、ご飯は食べられるし、垂れ流しではあるが、排泄も自力でできた。

お世話をしても嫌がらず歯も立てず、とってもいい子。顔の筋肉も動かせないようで無表情なのだが、よく見ると大きな瞳がきれいで、とてもかわいいイケメンだ。

声帯にも麻痺があるのか、小さく「ヴ〜〜、ヴ〜〜」としか声が出せない。

さっそく、愛さんはゴロー部屋の改造に悩み始めていた。

動こうとすると、でんぐり返ったり、もんどり打って壁にぶつかったりしてしまうので、居場所にも工夫が必要なのだ。さらにときどき、てんかんのような発作も起こす。


ゴローを連れて施設に戻ると、高原さんが待っていた。

人には滅茶苦茶な人だが、猫にはとても愛情深い人である。ゴローの状態を説明し、「高原さんに返しても、お世話できないでしょうから、愛さんがここで預かりますって。私もお世話しますから、大丈夫ですよ」そういうと、神妙な顔になり「妙玄さん、ありがとう」と深々と頭を下げた。

「きのうはあんなに遅い時間に、妙玄さんの都合も聞かないで、急にあんな重症な猫を連れてきて、その上、あんなにひどいことを言って、ごめんなさい。いつもお金の請求もしないで、持ってきた猫を引き取ってくれるのに。妙玄さんはいつも言い返さないし、優しいから、つい俺、甘えちゃって。……ごめんなさい」

思いがけない高原さんのこの言葉には本当にビックリ！

すごい！　高原さん、よく謝れたなぁ。さあ、私！「いえいえ、謝ってくれてありがとう」って言え！　言うんだ、私！

「…………」

すみません、言えませんでした。昨日、あんなひどいことを言われて、実ははらわたが煮えくり返って、眠れなかったのだ。一晩中、ああ言ってやりたかった。こう言い返してやりたかった。そんなことばかり考えていたのである。今、何かひと言いうと、抑えてきた文句と非難が溢れ出そうだ。

とりあえず、無言でニッコリ笑うことはできた。これだけでも今の私には、精いっぱいの対応だった。相手がどんな人であれ、どんな場面であれ、人は反省と成長することができるのだと、高原さんから教えてもらった。

〝許し〟とは、何も高尚な人にしかできないことではなく、抱えこんだ怒りを手放し、自分自身を楽に解放する自分のための作業である。自分が苦手な人や大嫌いな人は、人生の偉大な反面教師となる。その人から投げつけられる悪口や憎悪をためこむか、許しを学ぶチャンスにするかは自分次第。そして、どっちを選ぶかで、自分の人生は自分で変えていくことができる、ということを私たちは知るのだと思う。

そんな高原さんとの会話を後ろで聞いていた愛さんが「あの高原さんが、あんなふうに自分から謝るなんて、驚いたね。妙玄さんが5年間関わってくれた成果だね」と笑っていた。私も次の機会があったら「謝ってくれて、ありがとう」って言えるように、成長できていたらいいのだけれど……。まだまだの器の坊主には果てしない道のりである。

ここ、愛さんの施設ではそんなホームレスさんとの関わりも、避けては通れない。さて、そんなこんなでゴローは愛さんの施設の猫になった。

耳そうじをすると、気持ち良さそうに「ヴ〜ヴ〜」と、声にならない声を出して、すごくかわいい。食欲はおうせいで、体を支え補助してあげると、たくさん食べるのだが、すぐに下痢になってしまう。

「このような子は下半身が動かないから、胃腸の動きも良くない。動けないから、あまりご飯をあげないほうがいいですよ」と獣医師。寝たきりのゴローは、うんちもおしっこも垂れ流しの上、うんちをしたまま転がりまわるので、あたりがうんこまみれの大惨事。掃除、洗濯の終わりがないスパイラルに突入である。しかも、施設では配線の関係で洗濯機が使えないから、全てたらいで手洗い！　なのだ。

疲れ切った顔でひたすら洗濯をしていると、ゴローを連れてきた高原さんがやってきて、「わぁ、妙玄さん、サンタクロースじゃなくて、洗濯ロースだね。アハハ、うまいなぁ、俺」と、いつもながらの意味不明で、笑いどころが分からないおやじギャグを言い放つ。

ああ、やっぱり、悟ったり成長しなくていいから、ホームレスのいない世界に行きたいなぁ。


それからというもの、施設に行くと、まずはゴロー部屋の掃除、洗濯、身体洗い。一通り作業が終わると、その後は抱っこのお散歩。寝たきりのゴローは抱っこのお散歩が大好きで、「ヴ～ヴ～」と、のどを鳴らして楽しんでいるよう。目は見えているようで、きょろきょろとあたりを見渡している。

愛さんの細かい指示で、ホームレスの大島さんにアルバイトを頼み、特注のゴロー部屋を作ってもらった。大島さんは施設の大工部門の担当。器用な上に仕事が早い。大きめのケージの奥には小さな小部屋。発作を起こして転がっても怪我をしないよう、全てウレタンでおおわれている。このあたりのきめ細かい指示が愛さんらしい。

「ゴロちんの新居だよ」完成したばかりの特注のケージに、そっとゴローを入れると、転がりながら奥の小部屋に入っていった。やはり、猫は狭くて隠れるところが安心するのだろう。

せめて自分で移動できるようになると、ゴロー本人もすごくストレスがなくなると思うのだが。病院から処方された脳神経の薬は続けているが、獣医師も疑問の通り、正直効果のほどが見られない。


今日ちょっと体を起こせたら、翌日はまったく転がったまま。また次の日は立ち上がろうとしたり、斜めになり転びながら歩こうとする。ゴローの身体症状は、このように一進一退で、よく分からなかった。

ただ、斜めになり、転びながらも少し歩ける日が出てきたのは、闇の中の一筋の光明だった。なんだか分からないならダメ元で、と私は自己流のリハビリをゴローと始めた。まずは「ゴロちん音頭♪」を歌いながら、笑いかけつつ、手足を曲げたり伸ばしたり、身体中をさするマッサージ。この歌いながらは、ゴロちんのためでなく、私自身が楽しくリハビリを続けるためである。

犬や猫に限ってのことではないが、誰々を介護する場合、自分自身が追いつめられる心理状態ではなく、与えられた状況の中に楽しみを見出していくことが大切、と私は思う。

リハビリや介護は頑張るより、リラックスして楽しんだほうが効果があがる。かつて12年半、私の愛犬、ハスキーのしゃもんを看護してきた実感である。

張りつめた状態より、緩んだ状態のほうが（ハンドルの）遊びができて、そこに自分以外の何か大きな力、神仏の御加護というかが加わるスキができて、よき方向に導かれるような気がするのだ。

特に期待もせず、良くなったらこうしようね～、あんなこともしようね～、などとゴローと話しながらゴロちん音頭♪のリハビリを続けていたら、な・な・な・なんと！　ある日、左右に揺れて不安定ながらも、ちゃんと四肢で立って、ご飯を食べるではないか！

さらに翌日は、シェルター内の日向《ひなた》ぼっこ用のスペースに連れていくと、斜めになりながらも、ちゃんと四肢で踏ん張って立っている！　さらにさらに、このあと、たかたかたか～～～と、歩いたからビックリ仰天！　しかし、そのまた翌日は、横になり寝たきり、四肢は突っ張ったまんま、身動きできず……。

そんなことの繰り返しが続く。良くなるのか？　どうなのか？　さっぱり訳が分からない。効果がなかった薬はすでに服用をやめていた。

けれど、ゴロー自身は痛がったりしていないので、そのままゴロちん音頭♪のリハビリを続けていると、愛さんが背後から「その歌、下品だね……」と言う。

そう、ゴロちん音頭は、実は下品な下ネタ音頭。

ゴローは施設内で唯一の未去勢なので、その〝玉〟ネタをいろいろな替え歌にして、一人ゲラゲラ笑いながらリハビリしているのだ。いいの、私が楽しければ。けれど愛さんはこの下品な歌が嫌いらしく、私が歌いだすと、すーーーっと、どこかに行ってしまう。

そしてさらに数日後、なんと前転しながら（前につんのめる？）トイレに入り、おしっこができたのだ！　残念ながら、体はトイレの内でオシッコはトイレの外だったのだが、トイレまで来てくれたことを大絶賛。ゴロー、ブラボー♪♪

1日に数回、相変わらず抱っこのお散歩をしていると、目だけキョロキョロさせて、だんだんと地面に降りたがるようになる。（降りる！　降りる！）と、あまりの催促に負けてそっと降ろすと、いきなり前転やら、横っ飛びやら、本人自身も予測不能な素早い動きで、ぶっ飛んで転んでしまう。危ないったらありゃしない。でも、寝たきりの状態からは、大進歩である。

抱っこのお散歩をして、大好きなカリカリを食べて、愛さんのおひざの特等席でゴロちんおねむ。ゴローはそんな穏やかな日々を過ごせるようになっていた。その間、たまに食べすぎて下痢したり、サナダ虫が肛門からにょろにょろ出てきて、私の雄叫びとともに駆虫したりは、ご愛嬌である。

こんなふうに、首から下がまったく動かず、また原因不明のてんかん発作もあり、河川敷に捨てられながらも、新たな居場所でリハビリに励む長毛の茶トラのゴロー。これらの日々を書きつづったブログは、とても多くの方の涙と感動を誘い、また多くの応援を受けた。

「頑張れ！　ゴロー！」「感動しました！　私も頑張ります！」「私も何か力になりたい。応援します！」そんなたくさんのメールとともに、ご飯や応援グッズもたくさんいただいた。ゴローは多くの人にそんな感動と、優しい心、自分にできる応援の仕方を教えるために、こんな身体になったのかもしれない。

そう考えたら、ゴローはただのかわいそうな猫ではなく、私たちに誰かの役に立つことの意味と意義を教え、実行をうながす立派な教師である。首から下が麻痺した捨て猫にだって、人生のお役目はあるのだ。

そんなたくさんの応援を受け、ますますゴローのリハビリが楽しくなった。

下品なゴロちん音頭♪がさらに、ヒートアップする。

ゴローが転びながらも少し歩けるようになったので、ケージから運動場のある広いシェルターに移動させようということになった。さっそく、愛さんがシェルターの部屋と外の運動場をつなぐ場所に、緩やかなスロープを作った。横に落ちないように、スロープの横には壁までついてい

踏ん張れない足で歩こうとする頑張るゴロー

る。さらに、すべらないように、スロープには絨毯が敷かれるという完璧さ。

こんなときの愛さんは、改造費より猫の安全しか頭にない。財務大臣の私としては、悩みどころであるのだが……。

さぁ、ゴロー！　ここなら、好きなときに土の上で日向ぼっこもできるし、室内の小部屋にも入れるよ。

シェルターのスロープにゴローを置くと、踏ん張るのだが、前足がだんだんと横に開いてしまう。後ろ足は立ってはいるが、前足は真横に開きアゴが床についている。「ヴ～ヴ～」と唸りながら、そのままフリーズ。

ちゃんと立たせようとすると、前足が肉球の方向に折れてしまうので、そのまま前転してしまう。焦って支えようとすると、傾きながら走ったりする。相変わらず謎の動きである。そんなリハビリを繰り返していたのだが、愛さんの力作のこのゴロー仕様のスロープシェルター、当のゴローは「大嫌い！」なのだった……。

ゴローは、せっかくのスロープを使わないどころか、スロープ下に設置された、トイレのある真っ暗な空間に1日中、うずくまっていた。

しかたなく、本殿のもとの大きなケージに居場所を移したら、長く過ごしたケージ奥の小部屋に入ってホッとした様子。このように動物相手では、よかれと思った人の意図通りにならないことが多々ある。

ケージ内ではおトイレもできるようになり、毎日の歩きのリハビリも効果をあげ、ゴローはみるみる歩けるようになっていった。前転してしまうことや、横っ飛びで転んだり、てんかん発作がなくなり、毎日よく食べ、よろけながらもよく歩きたがる。

愛さんと相談し意を決して、ゴローをケージから出し、本殿の他の子と同じように内外自由にさせてみた。長くケージにいたゴローは、そこが自分の居場所と認識しているらしく、少し外に探検に出ては、すぐに入り口を開けてあるケージの中の小部屋に入りたがった。これなら、どこにもいかず、本殿の周りに居つくだろう。

そのうちに、愛さんが食事をしていると、犬のようにソファの横に座っておねだりし、また、ケージの外にいるゴローにカリカリを見せて「ゴロー、ハウス！」と言うと、ちゃんとケージに飛び込み、「マテ」「ヨシ」（むしゃ♪　むしゃ♪）とまるで、犬のようなことをやってのけるようになったのだ。

愛さんの食事をおねだりするゴロー

はじめはできなかった上下の移動も、失敗しながら、いつの間にかできるようになっていた。缶詰よりドライが大好きで、よく食べ、気がつけばサッカーボールのような肥満体型に。これまたその身体でスーパーボールのように飛び跳ねて、どこにでも登れるようになっていた。

そう、いつの間にかゴローはすっかりと健康な若猫になっていたのである。

そうなったら、今度は自分の身体能力が楽しくてたまらない様子で、木に登ったり、一番高い棚の上、ウサギ小屋の上、裏の茂みと、いたるところに飛び跳ねるゴローの姿があった。

「ヴ～ヴ～」と曇った声しか出せなかったのが、これまたいつの間にか「きゅきゅっ、にゃにゃぁ」と、猫らしく可愛らしい声で鳴くようになっていた。

動けなかったころは、施設の猫たちもゴローに意地悪をしたり、ちょっかいを出す猫はいなかった。しかし、元気に飛び跳ねるようになった唯一の〝玉付き〟猫。大きいピースや新入りのでっかいきいろ、意地悪ハースたちオス組と、一戦を交えるようになっていった。

最近は、ケンカを止める愛さんの声が施設に響く。

「コラ！　ゴローやめなさい‼」

「ゴロォーー　コラー！　いいかげんにしろー‼」


原因不明の首から下の麻痺や、てんかん発作から始まった愛さんの施設での生活。そして、抱っこのお散歩。何度も試行錯誤した改造部屋。ゴロちん音頭♪とマッサージにリハビリの日々。

いつの間にか、ゴローの麻痺や発作はすっかり治ってしまったのだが、その要因も不明のままだ。ゴローには分からないことだらけ。なので、いつもはすぐにする去勢も、原因不明の脳神経麻痺があったゴローには、全身麻酔が怖くて今のところしていない。

河川敷の土手からゴロゴロと転がってきたときは、バサバサの茶色の毛並だった風体が、今や豊かな毛量で、黄金になびくライオンキングの風貌だ。いつの間にかゴローはゴージャスな毛並みのイケメンで健康なオスになっていた。そんなゴローはスーパーボールのように内外を自由に飛び跳ね、かなりなケンカ猫になった。

いつかいろいろな経験を重ねた、唯一の玉付きの若いゴローが、施設のボスに君臨する日が来るかもしれない。

第❷話

ビビリ屋ちびり

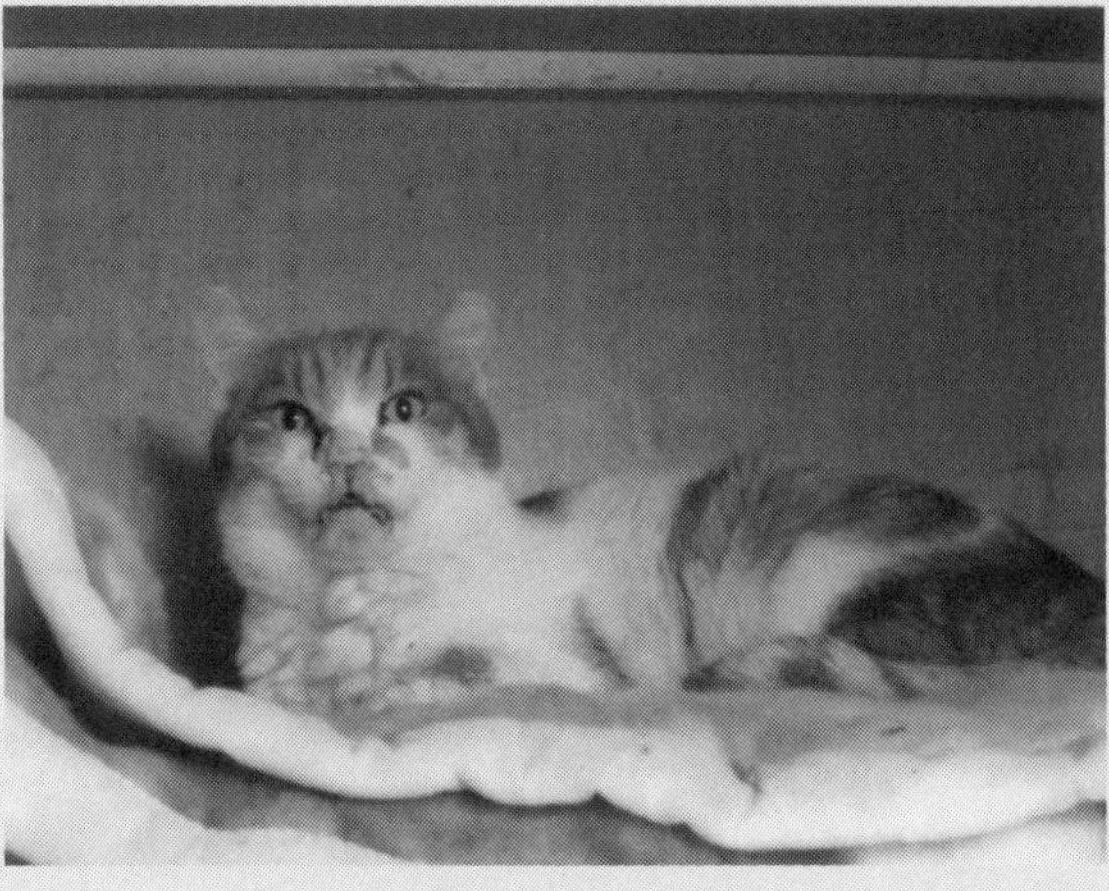

ちびり

ちびりはオスの茶白で、とても怖がり。超・超ビビリの猫である。

人と目が合うだけで、目ん玉をひんむき、じょじょじょーーーとおしっこをちびるので、愛さんが「ちびり」と名づけた。なんとセンスがいいネーミング！　おしっこのちびり方は、逃げながらではなく、目が合うとフリーズした状態で、ジョジョジョジョ〜〜〜。

そのたびに、そそうをされたシーツやら敷物やらの、洗濯をしなければならないので、私はなるべくいつも、ちびりと目を合わせないように気をつけていた。

ご飯のときも目をあわせないよう横を向いたり、遠くを見たりしながら、ちびりを呼ぶ。

どんなにお世話をしても慣れることがなく、呼ばれるといまだにビクビクしながら、おっかなびっくり寄ってくる。寄っては来るが、及び腰で人が届かない範囲にしか来られない。これは、たとえ愛さんに対してもそうなのである。

そんなちびりが愛さんの施設に迷い込んで来たのは、十数年前。野良さんのようなのに、ご飯が食べられないらしく、お腹をすかせてやせてガリガリ。施設周辺をうろうろとさまよっているところを、愛さんに保護された。

こんなに臆病な猫が自力で生きていくことは困難なのだろう。施設の子になってからというもの、敷地の内外を自由にしてはいるのだが、もちろんケンカも弱いので、逃げ回る専門。

そんなちびりはいつも愛さんの施設で、長年ボス猫として君臨していた大ボス「黒べぇ」に、べったりだった。

黒べぇは身体も大きな白黒のオス猫で、ケンカも強く、人徳（猫徳？）もあり、メスや子猫に優しく、弱いものいじめはしない、とても立派なボス猫だ。

ちびりは、自分の弱さを知ってか知らずか、はたまたそんな立派な黒べぇに憧れていたのかは不明だが、（にいさん♪　にいさん♪）と、いつも黒べぇの後をくっついている。

「お前は黒べぇのうんこか⁉　うんこなのか⁉」というくらい。

そのお陰か、ちびりは他のいじめっ子にいじめられることもなく、平和な毎日を過ごしていた。


黒べぇが脳梗塞を起こして死ぬ間際まで、やせ細った黒べぇにベタベタべったりと、まとわりついていたのだった。

かなり具合が悪い黒べぇは（というより死ぬ間際なんだけど）、さぞやうざったいだろうに、それでもちびりを怒らず、嫌がらない。黒べぇはほんとうに偉大なボスだった。

黒べぇ亡き後のちびりは、施設で一番の美猫の♀《メス》小麦に入れ込み、これまたべったりラブラブで、私はよく「小麦、あんたは美人なのに、趣味悪いね」などと言って笑っていた。しかし、よく考えると、恋人ではなくストーカーのほうに近いのかも知れなかった。

ちびりはいつも黄鼻をたらしながら、顔をくっつけて（小麦ちゃん、小麦ちゃん、好き好き！）と全身でラブを表現していたのだが、小麦は（……。ふぅ、仕方ないわね）というクールな感じだったから。

しばらくして、そんな仲良しの小麦も亡くなった。その後のちびりは元気なく所在なさげに、さびしそうに日々を過ごしているように見えた。

しばらくは、かえで（小柄なサビのオス）やジャム（白黒の片目のメス）の後をくっついていたのだが、マイペースで気ままに過ごしたいかえでやジャムに嫌がられ、ちびりは少しずつ自立の道を、歩まざるを得なくなっていたように思う。今まで誰かに、くっついて過ごしてきたちびりなのだが、もともと単独行動を好む猫たちに、もうちびりに付き合ってくれる寛容な猫はいなかった。

晩年のちびりは多くの猫と同じく、一人で過ごすことが多くなった。

「ちびり、すごいね。自立したんだ」と目を合わせないで言うと、うつむき加減で（不本意ながら……）そんな言葉が飛び込んくる。

まぁ、しかたないよねぇ、猫だしね。

そんなちびりは、エイズと重症の鼻炎、難治性口内炎を患っているので、いつも黄鼻を垂らし鼻が詰まっていて、苦しげな口呼吸。定期的に治療の注射をしたいのだけれど、自由にしているビビリ屋ちびりを捕まえるのは至難の技。なので、食べられなくなり、弱ったら捕まえて治療。もしくは、自由にさせずにずっとケージに入れるかだ。

施設ではなるべく、猫が自分で生き方を決められるほうを選んでいる。閉じ込められずに施設内外を自由にしているちびりは、夏は木陰の涼しい場所、いじめっ子に追いかけられたらどこそこの軒下、冬は離れのストーブの前と、猫らしく四季折々の居場所を自分自身で探し出し、ちびりなりに自由を満喫した生活を送っていた。

そして愛さんの施設では、白血病と違って猫のエイズに関してはあまり心配せず、隔離などもしていない。今までに、大人のほかの猫に感染したことがないのと、エイズキャリアの子もストレスのない良い環境で過ごせば、元気に普通の生活ができるからだ。

また、周辺で車にひかれる心配がない施設の猫たちの多くは、内外自由にしているので、外の猫との接触も自然だった。

狭い場所に閉じ込められるのではなく、自由にさせていると、猫たちは驚くべき個性を発揮し、集団生活の中で自分の居場所を見つけ、自分たちの生を楽しんで生きていく。ちびりのようなビビリで病気を持った子でも、生を満喫することができるのだ。病気を持っていても、ストレスがないせいか施設の子は長生きする子も多かった。

愛さんの施設に残っている犬猫は、病気や高齢、障害がある。またはくせがある、なつかずキツイなど、里親にいけなかった子ばかり。そんな子たちにとっては、施設が生涯のおうち。だからこそ愛さんは少しでも猫たちが、自分の個性を発揮して生きていけるような空間作りにこだわる。物事におおざっぱな私から見ると、愛さんのその猫たちへの思いは、執念にも見えるくらいだ。

大事に飼われるおうちの子でも、施設の子でも、野外に生きる野良さんでも、「おなかいっぱいごはんを食べて、幸せに生きたい」と願うのは、どの子もみんな同じこと。

猫たちが、ただご飯をもらって生きるのではなく、「幸せに生きる」それが愛さんの信念だった。

そんな環境の中で生きる、重症の持病を持ったちびり。エイズキャリアのせいか、慢性の鼻炎？はたまた難治性口内炎のせいか、ちびりはひんぱんにご飯を食べなくなった。食べなくなる→なるべく怖がらせないように、追い回さないように、捕まえようと画策する→危険？を察知するのか逃げて自力で復活する、とちびりの人生はそんなミラクルの繰り返し。

それでも、通常のちびりはいつも黄色く太い鼻汁をぶらさげていて、呼吸が苦しそうなので、なんとか拭きとってあげたいといつも思っているのだが、なにしろ目を合わせられないし、捕まらないので、どうしようもない。

私が施設に行くと、お腹がすいてすいて待ちかねて、いつも真っ先に飛び出てくるのもちびりだった。大食いで何杯もおかわりをするのに、やせていくばかりなのは、加齢に加えてエイズキャリアのせいもあるかな……。

ご飯の催促をしたいちびりなのだが、人が怖いので他の猫のように「にゃあ、にゃあ」と鳴いて自己アピールができない。でも、施設でのご飯どきは、自己アピールした子からご飯がもらえる。近くで大声で鳴かれて、うるさいから（笑）

だからいつも及び腰で少し離れた場所にいるちびりまで、なかなか順番が回ってこない。おかわりが欲しいちびりなのだが、私たちは、一通り周辺の子のご飯が終わると、シェルターや子猫小屋、外回りのご飯やりに行かないとならない。

そうすると、1度ご飯をもらった子のおかわりは後回し。たまに切りのいいところで缶詰が終わってしまうと、もらい損なうこともあるのは、人間側の経済事情もあるわけで……。

そんなちびりはある日、自ら必殺技を生み出したのだ。

その名も「秘儀・ぐるぐる大作戦！」

配膳が始まると、猫たちは私や愛さんの周辺に集まって、一斉に自己アピールに鳴き始めるのだが、ちびりは愛さんや私の足元を遠巻きに、ぐるぐる・ぐるぐる回り始める。

そうすると、目は合わないのだが、目にはつく。それからというもの、ちびりは目を合わさなくてもいい秘儀・ぐるぐる大作戦！で、強烈な自己アピールをすることによって、私たちが遠くの配膳に行く前に、だいたい3杯のおかわりをゲットできるようになったのである。

この作戦をちびりは自分自身で考えたのだ！

ちびりはぐるぐる回りながら、（ここ・ここ・ここにいるよ！　ここだよ！）と、ずっと自分の声を、いや自分の生を発信していた。

猫自身が自分の個性に合わせ、このようなことを考え出すのも、自由な環境があるからこそ。

このような出来事を見ることができることも、愛さんの保護施設の醍醐味であり、私たち無償のボラの輝かしい報酬でもある。

施設では、ご飯をあげるときには、必ずその子の名前を呼ぶ。

何杯もおかわりするちびりは、一番名前を呼ばれた子だと思う。

「ちびり！　ご飯」「ちびり〜。おかわりだよ」「ちびり、もう一杯食べる?」「ちびり〜これで終わりだからね」

どんなに食べても、いつもちびりはガリガリだった。

エイズキャリアの体が食べ物を吸収できず、食べたものがそのまま排泄されているかのように。

その後も、何度も食べなくなって弱っては捕まえ、病院へ。そして入退院の繰り返し。そのたびにやせた体はますますやせ細っていく。

1年前くらいから、ちびりは体調が悪くなると、なぜか目が見えなくなった。ある日、目が合ってもおしっこをちびらないので、おかしいな？ と思い顔を近づけてみたが、逃げるどころか顔もそむけない。高いところにも登れなくなり、1日中、愛さんのベッドか、ソファの上でうずくまっていた。

で、そのままおしっこをしてしまう。

しんどそうなちびりもかわいそうなのだが、毎回、毎回ふとんなどの大物を手洗いする私もかわいそう……。ソファなんて見るも無惨な状態に。

施設にソファは1個しかなく、私たちがほんの少し休憩する場所も、そのソファだけ。しかし、こともあろうか、そこがどうやら、ちびりのトイレと化している。その間、愛さんも私もヤンキー座りで床にしゃがんでのコーヒータイム。落ち着かないったらありゃしない。

そんなちびりに顔を近づけて「ちびり、おトイレの場所、わからないの?」と聞くと、(……うん)と言うので、しかたなくベニア板をベッドやソファにかぶせて、その上にちびり用のシーツを敷くように工夫する。

でも体調が良くなると、なぜだか目も見えるようになり、そうすると排泄もちゃんとおトイレでしてくれた。


そんなちびりが昨年(2014年)の冬、また食べなくなって入院。今回もいつものようにすぐに帰ってくると思っていたが、入院も長期になり「危篤です」という連絡がきた。獣医師と相談して、もう治療をやめて、ちびりを施設に連れて帰ることにした。施設で送ってあげたかったのだ。ここ、ちびりのおうちで。

病院からの車の中で、「ちびり! おうちに帰るよ。ちびりのおうちに帰るからね! ちびり、ちびり!」と声をかけた。

すると(ご飯……、ご飯の声……)と弱々しい声が聞こえた。もちろん、私の気のせいか、思い込みかもしれないのだが。

「ん??? 〝ご飯の声〟ってなんだろう?」そう思いつつ、施設へ戻った。

施設に戻ると、これまでかたくなに触らせなかったちびりが、目が合うだけでおしっこを漏らしていたちびりが、そんなちびりが、初めて、体をなでさせてくれた。

不思議なことに、いやがるそぶりも怖がる様子もなく、普通に力を抜いて、なでさせてくれたのだ。


「ちびり、ちびりのおうちだよ。いつものちびりの場所だよ」

いつもちびりがいた、ストーブの前のふかふかふとんの上にちびりを寝かせて、声をかける。もう、まったく目は見えていない。

それでも、懐かしそうに首を上げてから、見えないはずの目であたりをゆっくりと見渡して、ストーブの前に横たわった。

「ちびり、帰ってきたんだよ。ちびりのおうちだよ」そう言いながら、そっとちびりをなでる。やっと、触らせてくれた。鼻をふさいでいる黄色の膿や、目をふさいでいる目ヤニも、やっと取らせてくれた。固まった毛玉も少しとかせてもらった。ずっと、ず～っと、こうしてお世話がしたかったのだ。

愛さんが、ストーブのまん前を少し高くして、より暖かい場所を作る。もう私たちにできることは、何もなかった。

「ちびり！　ちびり！」

呼びかけながらなでていると、また声が聞こえた気がした。

（ご飯……、ご飯の声……）

思わず「ちびり、ご飯の声ってなあに？」と聞いてみたら、

（ちびり！　って声がするとご飯がもらえるの。大好きなご飯がおなかいっぱいもらえるの）

私にはそんなふうに聞こえた。

ああ、そうか。ちびりにとって、「ちびり」という言葉は、自分の名前じゃなくて、ご飯のことだったんだ。

そうかぁ、ご飯の声かぁ。

「ちびり、ご飯、たくさんもらったもんねぇ。お父さん何杯も何杯も、おかわりくれたもんねぇ……」

それからまる1日、もう何も食べず、水も飲まないまま、ちびりはいつもの場所で、横たわったまま体をなでさせてくれた。

「ちびり……、ちびり……」

ちびり最期のとき、あたたかいストーブの前で

愛さんはもう何も口にしないちびりの前に、さまざまな缶詰や茹でささみ、スープなど、幾種類ものご飯を並べる。

「ちびり、ひと口でもいいんだぞ」

（…………）

「ちびり、大好きなご飯、もう食べないの？　食べないからガリガリだよぅ」

泣きながら私がそう言うと、

（もういらない。大好きなご飯。たくさんたくさん食べたから）

そんな言葉が飛び込んできた。

同時に、大盛りのご飯と、それを差し出す愛さんの手が画面いっぱいに見えてきた。大盛りご飯を持つ愛さんの手は、何度も何度も、繰り返し出てくる。その腕は半そでだったり、長袖だったり、ダウンだったり。ちびりが感じたさまざまな移り行く季節と、いつも変わらない愛さんの愛情があふれていた。

どうもちびりは、人の顔より（目を合わせられなかったので）ご飯を出す手を覚えているようだった。ちびりにとっては、私たちの手が世界の全てだったのだ。

自分のおうちのいつもの場所で十数年世話してくれ、守ってくれた愛さんに見守られて、超・超・臆病なちびりは、静かに天に帰っていった。


施設の子はどんな子でも、何か事情がないかぎり、必ず愛さんに看取ってもらいたがる。それは、みんな愛さんに助けられたことを、そしてずーっと守ってもらってきたことを知っているかのようだった。

不思議なのだが、必ずといっていいほどみんな、愛さんが施設にいる時間帯に、愛さんに看取られて逝く。

ちびりと仲がよかった大ボスの黒べぇ、大好きな小麦、ミーコにキャラ……、みんな、天国でちびりのことを待っているんだろうなぁ。

「ちびり。寂しくないね。ようやくみんなに会えるね」


ちびりはエイズと難治性鼻炎と口内炎だったが、20歳近くまで長生きしてくれた。

大食漢のちびりは、毎日お腹いっぱい食べた。たくさん、たくさん、たくさん食べた。充分に存分に、ご飯をお腹いっぱいになるまで、あげられた。

たった1匹で町をさまよっていた超・超ビビリな猫が、愛さんに保護され、守られ、暖かな居場所で、安全な場所で、こんなに満たされた一生を送ることができたのだ。その一生の中のわずかな時間だが、そんなお手伝いをすることができた。その満足感や幸福感がボランティアの報酬なのだと私は感じている。

だから悔いはない。

悔いはないのだが……、やっぱり泣ける。

どんなにたくさん送っても、どんなに安らかに送っても、やっぱり……、泣けてしまうのだ。

ちびりに合掌。

第3話

猫ならにじお

にじお

何匹の犬猫と暮らしても、私にとってこの子は特別な子。みなさんに、そんな子はいませんか？施設の子と関わっていて、どの子もみなかわいいのですが、やはり「この子は特に愛おしいなぁ……」そんなふうに思う子はいるものです。

何百という保護犬・保護猫の中で、愛さんに「犬ならジャイコ。猫ならにじお」と言わしめた猫。にじおはそんなふうに、愛さんにとって特別な猫でした。

にじおの一生は、その穏やかな性格とは裏腹に、たくさんの病気を抱え、厳しい闘病の連続。痛みと苦しみの人生で、命の最後の一滴を、絞り込むように精いっぱい生きた生でした。誰ともケンカせず、マイペースで穏やかなキジトラのオス。

そんな「にじお」の人生をご紹介したいと思います。

それは愛さんが、今の施設を始めた平成3年にさかのぼる。ある土砂降りの日。前日から降り続いた雨で、施設の中や周辺はどろどろグジャグジャ。「ほんとによく降るなぁ」ビショビショのカッパを脱ぎながら、愛さんの口からため息がもれる。ようやく雨があがったのは、翌日の夕方だった。

施設と遊歩道をつなぐ通路から、愛さんが雨上がりの空を見上げると、それは見事な虹がくっきりと青空に浮き上がっていた。「うおっ！　すごい‼」生い茂る初夏の草木にしたたった雨のしずくが太陽の光を反射して、キラキラと光る。輝く緑に抜けるような青空。その頭上にはハッキリとした七色の虹があらわれた。「こんなキレイな虹は久しぶりに見るなぁ」見事な虹に見とれながら歩き出すと、足もとに、見たことのない1匹のキジトラがちょこんと座っていた。

その猫は愛さんと目が合うと、人懐っこく笑いながらひと言「にゃぁ〜」と鳴いた。大きな身体でキレイなキジ模様のオス猫だ。

「ん？　お前、どこの子だ？」「にゃぁ〜」にこにこ。

「どっから来たんだ？」「にゃぁ」にこにこ。

「飼い猫か？」「にゃぁ」にこにこ。

「笑ってたんじゃ、わからんぞ」そう言いながら、愛さんがしゃがみこみ、小さな頭をなでると、なんとその猫は七色の虹色の首輪をしているではないか。

「おっ、虹色の首輪をして、虹の下に現れたのか。不思議な子だな、お前は」

にこにこ。

「う〜〜ん、捨てられたのか？　うちの子になるか？」

そう言いながら、愛さんが施設に戻ろうとすると、虹色の首輪をしたその猫は、トコトコと愛さんの後をついてきた。

その後、機関に問い合わせても迷い猫の届け出はなく、周辺に「捜してます」の貼り紙もなかったその猫は、愛さんの施設の子になった。

「虹色の首輪をして、虹の下に現れたから、名前は『にじお』にしよう。にじおはもう、お父さんの子だぞ」

そう言いながら、愛さんがにじおを抱き上げると、にじおも前の手で愛さんの肩をぎゅ～っとつかんだ。そのしぐさは、まるでもう何十年も愛さんの飼い猫であるかのようだった。

それから、にじおはいつも愛さんの後追いをし、愛さんが仕事に出かけるときには、しばらくケージに入れないと、どこまでもついてきてしまうほどだった。

施設の作業が終わり、愛さんが一息つくときに、一番はじめに、愛さんのひざを占領するのもにじおだった。また、愛さんが寝るときも、右側の特等席はいつの間にか、にじお専用の場所になっていた。

通常、猫たちは愛さんを取り合って、よくいざこざやケンカに発展するのだが、オス猫であるのに関わらず、にじおは不思議と誰からもケンカを売られず、また自らケンカをしかけることもなかった。

ここ愛さんの施設では、新入りはすぐに病院に連れていき、病気の有無や不妊のチェックなど健康診断を受ける。たくさんの猫がいる施設では、みな不妊手術をしないと、たいへんな事態になるし、白血病などの子は隔離する必要があるからだ。

にじおを病院に連れて行くと、すでに去勢手術がなされていて、レントゲンをかけると、右足太もも部分に金属の棒が入っているのが分かった。誰かがこの二つの手術をしたのだ。このように世話をした猫を捨てる、という経緯ははなはだ疑問である。まだ若く、身体も大きいにじおは健康体に見えたというが、エイズが陽性だった。

それから10年近い時が過ぎ、私がにじおと出会ったころは、エイズで免疫力が低いせいか、彼はすでにかなり重症の難治性の口内炎を患っていた。身体の肉も落ち、痩せていて声がかすれて出ないのかな？　そんな弱々しい印象の猫だった。

野良猫たちは、この難治性（治癒が困難）の口内炎にかかり、歯茎が真っ赤に腫れ上がり、痛くて食べ物が食べられなくなり、やせ細って死んでいくというケースが多くある。不思議なことに、この難治性口内炎は圧倒的に野良さんに多く、室内飼いの子にはあまり見受けられない。外には自由と同時にばい菌・細菌・ウイルスなども多いのかもしれない。外の子はビックリするようなものを食べたり、飲んだりしているし……。

さらに、エイズキャリアの子は、免疫の弱さからくるのか、この口内炎が長期的に悪化することが多い。

愛さんの施設でも、エイズの有無に限らず口内炎でご飯が食べられなくなる子が多く、そのような子は抜歯を試みることがある。歯がなくなると、歯茎の腫れや赤みがなくなり、ご飯を食べられるようになることがある。にじおの難治性口内炎はかなり重症で、ご飯が食べられなくなるときは、決まって歯茎が真っ赤に腫れ上がり、見るからにその症状は痛々しかった。

すでに抜歯されて犬歯さえもないのに関わらず、である。

にじおの抜歯だけは、いくら思い返しても愛さんは記憶にないという。

愛さんはかなり記憶力がいい人なのだが、500頭近くの動物を救助・保護してきているので、なかには当然ながら曖昧な記憶もあるのだろう。

きれいに歯がないということは抜歯されているのだが、施設に現れた当時の体格のいい、若猫のころから抜歯されていたとは考えにくい。なぜ、にじおに歯がないのか、その経緯は不明であった。

全ての歯がないのにも関わらず、にじおは頻繁に口の痛みを訴えた。

ご飯を食べようと口に含んだとたん、激しく左右に首を振り、食べ物を吐き出し、手で口を掻きむしるような動作とともに「かっ！　かっ！」と口を鳴らす。

赤く腫れ上がった歯茎には、たとえ柔らかいものでも当たると、飛び上がるほど痛いらしかった。

「かっ！　かっ！」と口を鳴らし、しばらくもがくと、小さくうずくまる。

その動作がとても痛々しく、見ている私たちも苦しくなる。

その頻度が多くなると、病院でステロイドの注射をしてもらっていた。

おうちの子ならば、治療にもっと選択肢があるのだが、当時１００匹以上の保護猫を抱える施設では、根治治療がないこの病気に関しては、悪くなったら注射に行くことで精いっぱい。その他の治療法は選ぶことができなかった。

ステロイドの注射は肝臓にもダメージが大きく、本来は長期に使用するものではなく、２〜３週間は間をあけないと負担が大きいと言われている。

私が施設に関わり始めたころ、ちょうどにじおの病状が悪化し、ステロイドの注射が始まったところだった。

注射をすると、しばらくは痛みが緩和され、ご飯を食べることができる。しかし、しばらくすると、また口が痛くなり病院へ。にじおはなんと、このステロイドの注射を5年半も続けたのである。

あるときお世話になっている院長先生が、「もしかして歯茎に歯が残っているのかもしれないから、レントゲンを撮ってみよう」と提案してくださった。歯茎に歯が残っている？　想像しただけでも痛そうだ。歯茎に歯が残っている場合、それを取り除いてあげないと、いつまでも激しい痛みをともなうが、取ってしまえばケロッとよくなることがあるそうだ。

しかし、レントゲンを確認させてもらっても、にじおの歯茎には何も映っていなかった。「う～ん。歯も残ってないかぁ。しかたないね。このままステロイドのお注射を続けましょう」と院長先生。

そんな治療を何年も続けながら、にじおは毎日夕方になると、施設の入り口で愛さんを待っていた。だんだんやせていくにじおに、冬の寒い時期などは私が「にじお、愛さんね、今日は出張で、帰ってこないんだって。寒いからおうちに入ろうよ」と言って、抱いて部屋に入っても、いつの間にか、また外に出て愛さんを待っていた。

そんなにじおを見ていて思う。「猫も人につくなぁ……」と。〝犬は人につき猫は家につく〟とよく言われるが、愛さんの施設の子はみな、場所よりも愛さんを求めているように、私は感じていた。

それから数年後、にじおののどに腫瘍ができた。悪性ではないようだったが、のどを圧迫するのか、にじおはかすれた声も出せなくなっていた。また、本人は「にゃぁ」と言っているつもりが、歯のない口を開けるだけで、声にならないことも多々あった。

おとなしい穏やかな猫だが、けっこう自己主張は強く、目やにをとったり、鼻を拭いたりなどは、ガンとしてやらせてくれなかった。

「にじ、目やにで目が見えないでしょう。拭こうよ」としつこくすると、口を大きく開けて（いやだったら！）と怒り、やせ細ったしっぽをゆっくり振って抗議をする。

そのうちに、にじおの口を掻きむしる動作が、日々激しさを増していった。

歯茎は真っ赤に腫れ上がり、まったくご飯が食べられない。だんだんとステロイドの注射も効かなくなっていく。

効く薬はないけれど、にじおが苦しがっている。この状況に困り果て、たまたま別件で訪問した、昔お世話になった獣医さんににじおを見てもらった。

事情を話すと「レントゲンをかけさせて」と言われ、その写真を見ると、なんと「ほら、こんなに歯茎に欠けた歯がズラリと残っているよ。これじゃ、相当痛いよ。すぐ手術して取ってあげよう」と、先生が言うではないか！

そのレントゲン写真には、なんとなんと、にじおの歯茎に、尖った歯のかけらが周囲をぐるりと囲んでいたのである。

「えーーー！　なんで!?　なんで？　お世話になっている先生にレントゲンを撮ってもらったときは、きれいに何も映っていなかったですよ！」

「ふ〜〜ん？　歯のレントゲン写真は、機械を問わず、レントゲンを撮れば映るもんだけどね」

いったいどういうことなのだろうか？　まるでキツネにつままれた気分。

一方では、きれいに歯がない写真。もう一方では、尖った歯のかけらが歯茎を囲むようにグルリと並んでいる写真。どちらも口腔内のアップをその場で撮っているから、ほかの子の写真と間違ったとも考えづらい。結局、この謎はとけないままだったが、現実に、にじおの歯茎にズラリと残っている尖った歯のカケラを、取りのぞく方法を考える必要があった。

弱っているにじおを入院させ、全身麻酔をかけることには躊躇《ちゅうちょ》したが、このままでは痛みが増すばかりだし、歯茎に残っている歯のカケラを取り除けば治る可能性が高かったので、思い切って手術をお願いした。

うちの子の手術の間は、オロオロと落ち着かない。先生から「無事、終了」の連絡をもらって面会に飛んでいく。

歯茎から取り出した歯のかけらを見せてもらうと、そこには大小さまざまな尖った歯がずらりと並んでいた。大きいもので1センチ近く！　こんな尖ったものが、長年歯茎に埋まっていたなんて、どんなに痛かったことだろう。

手術費用は腰が抜けるほど高額だったが、この先にじおの苦しみは減ったのだから、しかたがない。しかしその額は、その時点で100匹ほどの犬猫を抱える愛さんにとって、施設の半月分の費用でもあった。

退院してきたにじおは劇的に回復とまでは、正直いかなかったのだが、それでも定期的なステロイドの注射が効くくらいになっていた。

あんなふうに歯茎に残っていた歯が取り出せただけで、にじおはずいぶんと楽になったように見えた。あのまま歯が残っているのが分からなかったら、かなりの痛みの中で苦しんだのではないだろうか。それは、見ている側にも大きな苦痛を与える。


それから1年くらいは、あまりステロイドの注射を打たなくても、ご飯が食べられる日が続いた。ときに体調を崩すときもあったのだが、そのたびににじおは驚異的な生命力の強さを発揮して、獣医師や私たちを驚かせた。

それでも、じりじりと体重は落ち、やせた体はさらに衰弱して、ときに苦しげに「かっ！かっ！」と口を鳴らし、ぐったりと動けなくなる。そんな繰り返しに、思わず、「もうそんなに頑張らなくていいから、にじお」と声をかける。しかし、いつの間にか復活を遂げる。そんなことがくり返された。

「にじおは、死ぬ死ぬ詐欺だね（笑）そんな詐欺なら大歓迎だよ」

復活するたびに、にじおにそう声をかける。

にじおの命は私たちにとって、いつも嬉しい誤算だった。

調子のいいときでも悪いときでも、にじおはいつも変わらずに愛さんの後を追い、外で帰りを待ち続けた。会社から帰って施設の作業をする愛さんはいつも忙しく、速足で歩く。施設内をサッサ、サッサと歩き、作業をこなしていく愛さんの後を、ヨタヨタよろよろと、にじおが追いかけていく。ときには、ペタンと座り込みながら……。

いつもそんな光景を後ろで見ていた私は「愛さん！　後ろににじおがいますから！　抱っこしてあげてください。それ、私がやりますから」そう言い続けていた。


夜になるとにじおは、相変わらずまっさきに愛さんのひざを要領よく占領し、眠るときは枕の右側の特等席に潜り込んだ。

施設の意地悪猫ちっちゃ、Ｋ・Ｙ（空気読まない）猫ドロやピースは、愛さんの枕元の場所取りでよくケンカをしていたが、不思議と特等席を陣取るにじおには、手を出さなかった。とはいえ、Ｋ・Ｙ御三家の残りの１匹のシロは、よくふとんに潜り込んでいるにじおを、巨体でズカズ

けだるそうなにじお、大好きな乾燥機の上で

カと踏んづけて歩き、そのたびに、にじおが声にならない悲鳴をあげて、ふとんから飛び出てきた。

悪気はないのだが、シロは少し頭が悪いのである。

施設一の不思議猫みんみんだけが唯一、情け容赦なく、弱ったにじおをひっぱたいていた。こう書くとみんみんが性格の悪い猫のようだが、決してそうではなく、なんというか、みんみんの行動だけは私たちにもよく分からないのである。

猫族と違い、犬というものはサイズも性質も桁外れに種別が多い。しかし犬たちの願いはみな同じに〝飼い主命〟。犬はどんなときでも飼い主が一番。とにかく飼い主が大好きで、大好きで、たいていご飯は二番目だ。

そして猫はというと、それぞれがそれぞれの要求を持っているから、犬よりも強烈に個性的だと私は思っている。

たとえば子猫のときから飼っているのに、飼い主も触れない家庭内野良（室内猫だが飼い主がさわれない）、どんなにかわいがっても家出する猫。そんな猫の行動は、飼い主のそばにいることを、無上の喜びとする犬ではとうてい考えられない。

それぞれが個性的な猫たちとの生活は、犬との絆、融合感とはまた違った、個々の楽しみ方があるように思う。


歯茎に埋まっていた歯の抜歯から2年近く過ぎたころ、にじおのお腹が膨らんできた。

長年のステロイド投与による肝臓肥大。レントゲンを撮ると、やせ細ったお腹の大半が肥大した肝臓でおおわれていた。肺が圧迫されるのか、呼吸も苦しそうな日々が続く。

肝臓で埋め尽くされた小さなお腹のレントゲンを見ていると、ふいに涙がこみ上げてきて、担当してくれた若い獣医師に、

「先生、にじお、死なないですねぇ……。どうして死なないんだろう。こんな何年も何年も苦しんで。心臓が強いんでしょうか」

思わずそうつぶやくと、若先生は少し驚いた表情で「心臓が強いというより、生命力が強いんでしょうね」と答えてくれた。

「生き物の命は本当に分かりません。大丈夫だと思っていた子が亡くなってしまったり、もう数日ももたないだろうと思っていた子が復活したりしますから。たまに、僕たち獣医はいったい何ができるんだろう？　って思うときがあるんです。命を決めるのは、ほんとうに僕たちじゃないなと」

若先生はそんな素直な気持ちを語ってくれた。私はこの若い獣医師が大好きだ。腕がよくクールでクレバーな院長先生ももちろん大好きなのだが、この若先生はときおり自分の悩みや至らなさを吐露する。

人として悩み、傷つき、迷うことを隠さない。その人間臭さ、誠実さが私たち弱った飼い主の心に染み込んでいく。一緒に悩み、傷ついていてくれる。それが頼りないと感じる人もいるかもしれないが……。

私は名医の第一の条件は、抜群に腕のいい医師だと思う。しかし、名医＝良き医師とは限らない。

これは人間でもそうだと思うが、私が思う良き医師とは「この先生に看取ってもらいたい。この先生の元でなら悔いはない」そう思わせてくれる医師ではないかと思うのだ。

ここの院長と若先生は腕もさることながら、「この先生に見てもらえるなら、この先生のもとでなら悔いはない」飼い主がそう思える獣医師である。

にじおは、そんな獣医師に長年、治療を受け続けていた。

「先生、年末までは大丈夫でしょうか?」「先生、お正月は越せますでしょうか?」そんな獣医師が答えに窮する質問を私はよくした。

しかし、院長や若先生は、いやがらず、めんどくさがらず、丁寧に言葉を選んで対応してくれた。にじおの深刻な病状は変わらないのだが、飼い主の重たい思いが少しずつ昇華されていく。

〝飼い主の思いをくめる〟、これこそが良き医師だと私は思う。


とても年末までは持たないだろう、との私たちと獣医師の暗黙の予想を裏切り、にじおは肝臓を腫らした大きなお腹のまま、なんと翌年の夏を迎えていた。たぶん、20才は過ぎているであろう年齢。その上、エイズキャリアでありながら。

しかし、このころには、お煎餅のように平べったい身体に大きく腫れたおなかが重そうで、身体を横たえることが多くなった。一日中、愛さんのベッドの上にいるのだが、もうおしっこをもらしても、自分で気がつかないようだった。

その頃、愛さんが1匹の子猫を連れてきた。

「日本橋の茂みの中にいた……」

はぁ〜〜〜??　日本橋ぃ〜???

本当に愛さんは謎の人である。日本橋というのは、大都会の都心、銀座にほど近いオフィス街で、およそ子猫と無縁のビル街。なんでそんなところで、子猫を見つけるのだろうか?

子猫はキジトラのメスで、ものすごく怯《おび》え、震えていた。よくみると、前足としっぽがおかしい。すぐに病院に連れて行くと、右前足としっぽの二か所を骨折していた。

「小夏」と愛さんが名づけたこの子猫は、たいそう臆病で（あんな状態で捨てられたか、交通量の多い場所で、ひとり茂みにいたのだから当然なのだが）愛さんや私を警戒している。しばらくして、小夏が少し人間に慣れたころ、施設内でこの子猫の〝教育係〟を探す必要があった。

毎回、困るのだが、今の施設の猫たちの中に、子猫と遊んであげるような猫はいない。メスはキックて、わがままで心がせまく、子猫にむかい「シャーッ!」をする。オスはK・Yかビビリで、子猫が近寄ると一斉に逃げるのであった。まあ、猫らしいといえばそれまでなのだが。

困ったなぁ、早く他の猫と触れさせないと、猫界のルールを学べない。こればっかりは、いくら愛情があっても、私たち人間にはできないことである。

そんなとき何気なく、愛さんのベッドに小夏を乗せると、小夏はぐったりと辛そうに横たわる

テーピング中の小夏の遊び相手になっているにじお

にじおのそばに寄っていった。やせ細ったにじおの長いしっぽをちょいちょいといじり出すと、驚いたことに、にじおがゆっくりとしっぽを振って、小夏を遊ばせ始めたのである‼

大人の猫（というより死にそうなんだけど）に初めて遊んでもらった小夏は大喜びで、ユラユラ揺れる長いしっぽにエキサイティング！ だんだん興奮して激しさが増すものだから、そっと小夏を抱き上げる。

「ごめんね。じいちゃん、死にそうだからさ。あまり……、ね」

小夏は不服を訴えていたが、にじおはそれを見届けると、ゆっくりとけだるそうに頭をふとんにうずめた。

そんなことが数日続いた。自分は呼吸するのも、やっとな状態なのに。

「すごいね。にじ。小夏と遊んでくれて、ありがとう」というと、顔が上げられず、横たわったまま、しっぽを一度持ち上げた。偶然だろうが、返事をしてくれたその絶妙なタイミングに、思わず笑ってしまった。（小夏については第9話をお読み下さい）

にじおが昏睡状態になった。もうかなり長いあいだ、スープを一口なめるだけになっていたのだ。

「いよいよだな。にじお、もう頑張るな。早く逝《い》け。長いあいだ苦しんだんだ。もう楽になれ、にじお」

愛さんが声を絞り出す。

数日そのままの昏睡状態が続いたが、朝になって、声にならない口を動かし、いよいよ最期のときを迎えていた。

このときの不思議な光景をなんと表現したらいいのだろうか……。

愛さんと私が見守る中、にじおは「ふーーーっ」と息を引いて逝こうとするのだが、もう瞳孔が開いたままの目を、次の瞬間、かーーーっと見開き、歯のない口を開き愛さんに向かって何かを必死に訴えるのだ。また、「ふーーーっ」と逝こうとすると、またも見えないだろう目を見開いて、口を開けて愛さんに向かって何かを必死に訴えるのだった。

こんなことが繰り返されて、愛さんも「こんなことは初めてだ。何が起こっているんだろう」と不思議がった。何百もの犬猫を送ってきた愛さんにとってもこんな事態は初めてで、愛さんもまた狼狽していた。

このときは、にじおが何を訴えているのかが分からなかったが、思わず私は叫んでいた。

「にじお！　愛さんは大丈夫だよ。愛さんは大丈夫だから、もう逝きなさい！　にじ！　大丈夫。逝きなさい！」

にじおが何か愛さんに訴えている、というのは私の感覚であり、愛さんにとって、私の言葉は意味不明だったのだろう。ビックリして私を見つめる愛さんに説明もせず、私は「にじ！　愛さんは大丈夫だから、もう逝きなさい！」と何度もにじおに言い続けていた。

私だってこんな送り方は初めてである。

それから、力尽きたのか、にじおは最後の呼吸を止めた。

何百もの猫と暮らしてきた愛さんに「猫ならにじお」と言わしめた猫の最期だった。その人生は痛みと苦しみの連続だったが、同じくらいおだやかで幸せな日々だったのではないか。

虹色の首輪をして、虹とともに現れたにじお。

大好きなお父さんと内外自由な生活。多くの猫が外の遊歩道や遠くの公園にも遊びに行く中、にじおはいつも施設から離れなかった。

「猫も人につく」

にじおを見ていると、その一途さに、猫にもけな気な子がいるんだと教わった。


施設の中でいつも愛さんを待ち、愛さんとともにその命があった。最後の一滴まで生をあきらめず、生き抜いた老猫の静かな死。にじおはおそらく20才くらいまで長生きした。施設のほかのエイズキャリアの子もかなり長生きだ。だから、今、あなたのとなりにいるエイズキャリアの猫さんたちも長生きできるようにと、私は祈る。

にじおの生がそんな方々の希望になれば嬉しい。


驚いたことににじおには、不思議な後日談が三つもあるのだ。

一つ目は、朝に息を引き取ったにじおは、読経の数時間後冷たくなった。それは当然なのだが、名残り惜しくて、そのままお花やお線香を添えて寝かせておいたら、お昼になったころ、にじおの身体がどんどん温かくなったのだ！

「ええっ⁉」もしかして生き返ったのだろうか？　でも、完全に瞳も死んでいたし、息もしていない。なんとそのまま夕方近くまで、にじおの身体は温かいままだった。夕方になって、また冷たく硬くなった身体は、もう二度と温かくはならなかった。

二つ目は、にじおが亡くなるときに、一生懸命に愛さんに、何かを訴えていたことである。実は私には、その何か訴えたいものとは〝危険〟ではないかと感じていた。そう、にじおは愛さんに必死に危険を訴えていたのだと思った。

しかし、持病はあるが比較的体調が安定していた愛さんに、にじおが何のための危険の訴えをしているか分からず、「ん〜〜、私の気のせいだよね」そう思っていたのだ。心のどこかで、引っかかりを感じつつも。

そうしたらなんと、にじおが逝った翌々日に、愛さんは大事故に巻き込まれたのである！　もうもう、生死を分けるほどの大事故だったのだが、愛さんは約2週間で帰還することができた。どんな事故だったのかの詳細は、愛さんのプライバシーもあるので割愛させていただくが、私はこの2週間、ひとりで施設のボラを続けて、断食をして、瞑想しながら神仏と対話し、愛さんの生還を祈っていた。

それにしても、愛さんの事故の一報を聞いたとき即座に「にじお！」と、にじおが死ぬ間際に見せた、逝くに逝けないといった必死の形相を思い出した。

「このことだったの。にじ……」

にじおには申し訳ないことに、そのときに、にじおの訴えの意味が分からなかったので、愛さんの事故を防ぐことはできなかった。しかし、愛さんが生還した今なら分かる。

「人が守り抜いた猫」と「心底人を愛した猫」との、魂の意味を。

そして、にじおの遺体が温かくなったのも、（やっぱりこの坊主、わかってないよな）と、お父さんが心配で、逝くに逝けなかったのではないだろうか？

あくまで私の推測なのだが、そう考えると、一連の不思議に意味ができ、納得もできた。

三つ目の不思議。それから少しして、突然、施設移転の話が舞い込んできたのだ。

愛さんが平成3年から24年の間、一人で守り続けてきた施設だったが、諸事情があり、移転しないとならない状況になっていた。しかし、何しろこの時点で保護犬が4頭、猫が80匹くらい、ウサギ3羽、飛べない鳩が3羽、烏骨鶏が1羽の大所帯。移転するには莫大な資金もかかるし、移転先ではシェルターや犬・鳥・ウサギ小屋などをはじめ、いろいろな設備も必要になってくる。毎日を自転車操業の自己資金のみで、捨てられた動物たちを守ってきた愛さんには、とてもそんな余力はなかった。

そんなときに、私有地を使わせてくださる、という友人夫妻が現れたのだ！

実はこの後、想定外の出来事が連続して巻き起こり、移転の話は二転三転二十転くらいし、完成までに1年を要することになるのだが、この移転プロジェクトがスタートできるか否か、そんな大切な打ち合わせの日。

その前日に、にじおファンという叔江さんから、七色のレインボーカラーの美しいかすみ草がにじおの墓前に届けられた。まるでにじおのようなかすみ草。その可憐で控えめな小さな花は、本当ににじおのようだった。

すぐに喜びとお礼をお伝えして、明日の打ち合わせが終わったら、にじおの墓前にお供えしよう、にじおにいい報告ができたらいいな、そう思った。

明日の友人夫妻への手土産はお花にしよう。夏だからひまわりにしようかなと、お花屋さんに行こうとしたら、後ろのほうから（僕も連れて行って）と小さな声が聞こえた気がした。

「にじ⁉」

にじおの声なんて聞いたこともないのに、自然と口からそんな言葉が飛び出し、驚いて声の方向に振り返ると、あの虹色のかすみ草があったのだ。

「にじ？」

また自然と声が出た。すると、次の瞬間（僕もお願いに連れてって）そんな声を感じた。

もうもう、ぽろぽろ涙があふれ出る。

「うん、うん、にじお。一緒に行こう。一緒に施設の移転をお願いしに行こうね」

そう言いながら、その場に泣き崩れ、大声で号泣してしまった。

こんなとき、ことの真偽はどうだっていい、と私は思っている。私が「にじおの声だ‼」と感じただけの話である。

大事な愛しい、うちの子と自分との関係を思えば、こんなことくらい起こっても不思議ではないのではないだろうか。

よく、ご供養にいらっしゃるみなさんからも、「偶然かもしれませんが」「気のせいだと思いますが」「私の思い込みだと思うのですが」と、みなさん注釈をつけて、愛しい子とのさまざまな不思議を語り出す。

愛さんを思うにじおなら、このくらい自然なことだったのかもしれない。

翌日、先方ににじおの話は何もしないで、ただこの虹色の花束をお渡しした。

本当はこの話を伝えたかったのだが、なんだかとってつけたような、出来過ぎた話なので話さなかった。

移転プロジェクトは快諾され、翌日、無事に移転の話が本格的にスタートをしたのであった。

「にじお、ありがとう。にじお、大好きだよ」

青空に向け私は合掌し、そう話しかけた。

虹とともに現れたにじおは、今、本物の虹の橋のたもとで、お父さんを待っているのだろう。

生前と同じように。変わらずに。

第❹話

施設の犬たち

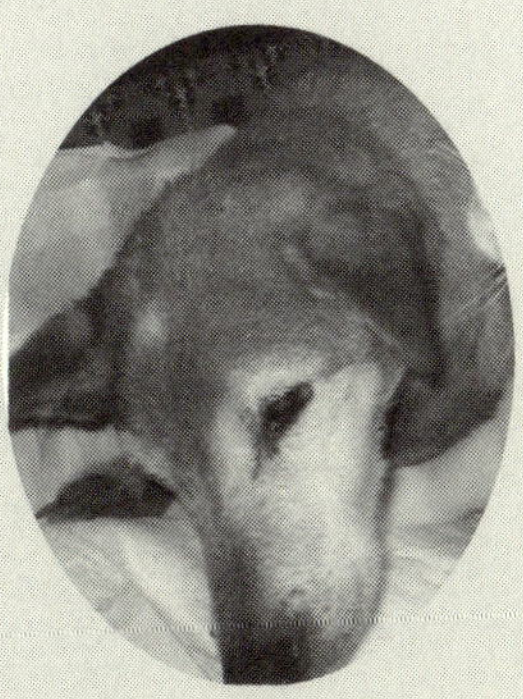

ロブ

太郎

シン

ベル

愛さんが今の場所で保護活動を始めたのは、愛さんが43歳のときだったという。43歳、現役バリバリではあったが、重篤な持病を抱え、すでに入退院を繰り返していた。その前から犬猫の保護は、会社や自宅でやっていたというが、本格的に今の場所で、捨てられた子たちの施設として稼働を始めたのが、平成3年からということだ。

平成27年までに、犬猫を中心とした保護動物は約500頭。その大半は里親さんの元に行き、新しい家族に迎え入れられたが、里子にいけず、施設で天寿をまっとうした子も少なくなかった。捨てられたたくさんの犬猫たちは、その事情も、捨てられ方もさまざまだ。

100頭の犬猫がいれば、100通りの物語がある。

心ない人には、たかが捨てた犬であり、飼えなくなった猫かもしれないが、その100頭の1頭1頭にみな、彼らの人生と気持ちがあるのだ。

年間に捨てられる犬猫の膨大な数からすれば、愛さんが保護した子たちは、500頭とはいえ、ほんのわずかな数に過ぎない。けれど、そのわずかな子たちは強運だ。もちろん、愛さんと何か大いなる仏縁があるのだろう。

愛さん自身は「施設維持の経費を稼ぐために1日中仕事で、朝と夜の作業のあとに、保護した子たちの頭を、少しなでてあげることくらいしかできなかった。犬は、みんな飼い主にかまってもらいたいのに、常に十数頭の犬がいて、散歩も何往復もしていたから、そのときくらいしかかまってあげられなかった。保護したとはいえ、かわいそうだ」いつもそう言う。

私が愛さんの施設に関わったのは、平成21年。愛さんは62歳になっていた。ちまたでは、もうそろそろ引退する時期なのだが、このときは、猫が１２０匹くらい。犬が十数頭いたと記憶している。全てがシェルターの中にいるわけではなく、近所のホームレスさんに頼んでいるはぐれ猫。ホームレスさんが拾った猫が入りみだれ、常時、子猫や新しい保護猫が持ち込まれ、相談され、また亡くなっていく子もいたりと、施設の子の数は、常に変動していたので、愛さん自身も正確な数は分からなかった。

もともと大型犬派の私は、紹介される猫の顔と個性を覚え、その区別がつくまでには数か月はかかった。

私が関わり始めたころ、施設にいた犬たちを見て、すごく不思議に思ったことがある。保護された犬は中型犬のＭＩＸがほとんど。「この子は俺以外には、噛みつくから気をつけて」と言われるのだが、なぜ愛さんには噛みつかないのかが、すごく不思議だった。愛さんは絶対に犬を叩いたりしない。声で叱ることはあるが、犬には手をあげたりしないのだ。

力で服従させるわけでもなく、理論にかなったトレーニングをするわけでもないのに、どんな噛みつく犬でも、すぐに愛さんのことが大好きになり、愛さんとの朝夕の散歩を心待ちにしていた。

「噛みつくから、捨てられる」また「捨てられたから、噛みつく」どちらにしても、その矯正方法はトレーナーや訓練士などの専門家でも、愛情はもとより忍耐と技術がいるものである。愛さんの犬の扱いを見ていると、そのような専門的な要素もないのに、虐待されて捨てられたどんなに噛みつく犬でも、すぐに愛さんに心を許し、なつくのだ。長年ドッグライターをやっていて、いろいろな犬の専門家を取材してきた私だが、愛さんのような不思議な人は初めてだった。その不思議さを質問してみても「難しいことは、わからんよ。みんなそうじゃないの?」という。

なんで、愛さんには噛みつかないんだろう?

なんで、リードを放しても〝呼び〟がきくのだろう?

まるで犬が〝自分を救ってくれたお父さん〟と認識してるかの如くであるが、この二つの真相は、今もって大きな謎である。

「自分が保護した犬たちは、かまってもらえなくてかわいそう」と愛さんは言うが、犬たちの認識は違うものだと私は感じていた。

愛さんの犬猫に対するこの感性・感覚は天性のものだと思う。私は黒犬の顔色が分かるくらいだが、愛さんの犬猫に対する才能はそれを遥かに凌駕する。人生でそういう人に会ったのは愛さんで二人目。一人は上野動物園の伝説のかば園長だった。幼い私は、かば園長が主役の名作漫画『ぼくの動物園日記』(飯森広一・作)で育った。そこで繰り広げられる動物たちとの世界に魅了され、「いつか動物園の飼育係か、漫画家になる!」と小さな私は自分に誓いを立てていた。

そんな私は飼育係にはなれなかったが、施設で動物のお世話をし、漫画家にはなれなかったが、こうして執筆活動をしている。幼いころのほうが言い訳やあきらめがない分、私たちは自分の可能性や才能を知っているのではなかろうか?

かば園長(西山登志雄氏)を取材したときに、ノンストップで6時間! 動物たちの熱弁をお聞きして、正直途中でギブアップしそうになった。そんなかば園長とはタイプは違えども、愛さんとおふたりは共通して〝動物に対して天性のもの〟を持っていた。

自分の人生の全てが、動物への思いに偏る究極のアンバランスさ。それはときとして、社会性や一般常識、道徳、経済理念と対極する。しかし、世の天才や革命児の共通点もまた、究極のアンバランスさや一方のみに突出した能力である。

そんな犬猫たちに対して、特異な能力を持つ愛さんでさえ「自分が保護した犬は、かまってあげられなくてかわいそう」という。

私たち犬猫や動物を愛する人間は、うちの子に生前どんなに尽くしても、どんなに大切にしても、多くの飼い主さんが共通して「何もできなくて……」と後悔の言葉を口にする。もっと、もっと、やってあげたかった。もっと、もっと一緒にいたかった。どんなにいてもまだまだ足りない。私たちは、うちの子の寿命をコントロールしたいという〝神の領域〟に足を踏み入れて苦悩する。

しかし、私たち飼い主のこの〝罪悪感〟は仕方のないものだと私は感じる。わたしたちは、このように後悔して、苦悩して、号泣の中から〝命〟を学ぶ。どんなことをしても手放したくなかった愛するものを天に返すとき、人生の愛と至福、同時に慟哭を学ぶ。私たちは、その道を通らないと命を学べない。

愛さんの保護活動もまた、愛と苦悩のはざまに揺れた歴史である。保護活動は、救済という圧倒的な光と、虐待と対峙する漆黒の闇との間を行き来する。

保護活動家たちを見ていると、この漆黒の闇との闘いのような気がする。

それは、虐待という残虐な外的な行為への闘いと、その行為に自分の感情がどこまで飲み込まれていくのか、内的な自分との闘いではないだろうか。

そんな光と闇を織り交ぜた、施設のたくさんの犬たちの中から、私が関わったほんの数頭の犬たちの人生をご紹介したいと思う。

◇ロブ

私は、このロブという犬を知らない。ロブは愛さんが施設を始めたきっかけとなった、年老いた雑種の犬だという。

平成3年。愛さんの施設は「だって……」を合言葉に始まった。捨てられたたくさんの犬や猫が愛さんのもとへ連れて来られた。

「だって、かわいそう」「だって、お腹をすかしている」「だって、ケガしてる」「だって、捨てられたみたい」そんな「だって」「だって」「だって……」たくさんの「だって」が愛さんの周りにあふれ出る。そんな「だって」に愛さんは、思わず手を差し伸べた。たくさんの「だって」を背負った犬や猫が、施設近くの河川敷に捨てられた。

それが、愛さんの保護活動の事始め。

捨てた人は反対にこういう「だって」を言うのだろう。

「だって、引っ越した先はペット禁止だから」「だって、飼えなくなったから」「だって、病気になっちゃったから」「だって、いらなくなったから」

愛さんが、まだ不妊手術をすることも、里親会があるということも知らなかったころの話。

「だって……」と、言いながら捨てられる命。

「だって……」と、言われながら拾われる命。

そのはざまには、無数の命が、なんと無残に死んでいったことだろう。


愛さんは、無残な姿で捨てられた犬猫を見つけるたびに、ポツリと言う。

「捨てられていい命なんて、ないのにな……」と。

それは、目の前の犬猫に言っているのか、赤ちゃんのときに橋の下に置き去りにされ、孤児だった自分の中の小さな自分に語りかけているのか。いつも愛さんのその言葉を、私は沈黙して聞いていた。愛さんの保護活動のルーツが自身の生い立ちにあるのならば、愛さんはこの〝捨てられた子を助ける〟というライフワークの中で一生を送るのだろう。


平成3年。あるホームレスから、「愛さん、なんだかケガをしたアライグマがいるよ。すごく痛々しいんだけど、どうしよう」そんな相談を受けた。

その話を聞いて、どうしたらいいものか、人づてに聞くと捕獲器なるものの存在を知った。保護活動をしている人が使う捕獲器は、細長いケージで、中にご飯を入れて置き、猫などが入りご飯の前の台を踏むと、入り口が閉まるというシンプルなもの。

さっそく、捕獲器を用意して目撃情報があった場所にしかけた。すぐに、捕獲器にかかった！と連絡が入る。急いで見に行くと、捕獲器に入っていたのはアライグマではなく、1頭の汚れた中型の犬だった。

捕獲器から出すとその犬は、かなりの年寄りなのか、ヨロヨロとおぼつかない足取り。どんな状態なのか分からないほど、耳が腐って悪臭を放っていた。その異常さは素人が見ても、尋常でない状態が見てとれた。

悲惨な状況は耳だけではない。全身が真っ赤に腫れ上がり、ところどころが脱毛し、ハゲている。おまけに身体一面に大小さまざまなイボがあった。

犬というよりは、妖怪のような風貌。それでも、この子は懸命に生きていた。

痴呆もあるようで、右に頭が傾き押さえていた手をはなすと、その場でいつまでもグルグルと回り続けていた。

このような野良はいない。これでは野良で生きていけるハズもない。

この子はこのような状態になるまで放置され、いよいよ手に余ると捨てられたのだ。身体の汚れや腐食している耳は、長年のネグレクト（飼育放置）を如実に現す。このような犬を河川敷にポンと捨てる。

この飼い主はこう思えばいい。「きっと誰かいい人が拾ってくれる」と。

この飼い主の思惑通り、この犬は愛さんに保護された。

しかし、通常このような介護を必要とする、重篤な状態の犬を保護できる人はあまりいない。犬猫を愛する私たちにも、さまざまな大人の事情があるのだから。住宅事情や仕事、経済事情、家人との関係、いくら気持ちがあっても手を出せなかった。見捨ててしまった。こんな苦悶の経験をした人は少なくないと思う。

そのあと、いくらたくさんの子を助けたとしても、私たちは一生後悔するのだ。「あのときの、あの子はどうしただろう」と。私たちは一生忘れられない。「あの子は苦しみの中で死んだのだろうか。私が助けなかったために……」思い出すたびに、胸が熱く苦しくなる。

そう、あなたが助けられなかった子は、あなたが想像するように苦しみの中で死んだのだと、私は思う。あなたはそう思うからこそ、その子を忘れられないのだから。

そのいつまでもあなたを苦しめるその痛みこそ、あなたが〝これからやりたいと思っている指標〟なのだと私は思う。

あのときは助けられなかった。けれど、助けなかったことのほうが苦しい。今度は助けられるような自分になりたい。あなたが助けられなかった子は、そんな指標をあなたに示すのが、お役目だったのかもしれない。

ロブはまさにそんな犬だった。全身真っ赤で、ハゲてイボだらけ。耳も腐って常に傾いている痴呆の犬。愛さんの動物魂の聖火台に初めに炎を着火したのは、ロブだった。

点火された弱者救済の炎は瞬く間に、愛さんの全身を飲み込んだ。

ロブはすぐさま、病院に運ばれ、腐った耳の大手術。耳を失ったかわりに一命をとりとめたロブは、長期の入院から帰還。しかし、治ったのは耳だけで、皮膚のただれと痴呆は相変わらず。始めはお腹が空いているだろうと、何杯もお代わりするご飯をあげた。とにかく今まで食べさせてもらえなかっただろう分まで、お腹いっぱいに食べさせてあげたかった。それは愛さんが、幼い頃、もらわれた家で満足にご飯をもらえず、いつもお腹がすいていた幼年期の自分と重なり合ったからかもしれない。

しかし、痴呆のボブはいくらでも食べた、食べすぎて下痢をして初めて気づく。痴呆の子には、適量をあげることを学んだ。

痴呆のロブはいつも身体が右に傾いていて、同じ場所をグルグル回っていた。唯一、眠るときだけは、丸くなって眠る。気がつくとロブのそばには、いつもプッカという保護猫が寄り添うようになっていた。ロブとプッカ。その2頭はなぜかいつも一緒に、寄り添って眠っていた。まるでその光景は、捨てられたもの同士がいたわり合うようだったという。そのうち、ロブのグルグルの徘徊が頻繁になっていった。

よろけて、頭をぶつけることもあり、日中仕事でいない愛さんは、知恵を絞って、犬小屋を楕《だ》円形に作り、その周りにウレタンを貼りつめ、痴呆のロブのための特別室を考案した。その名も通称「ぐるぐる小屋」。

痴呆の子は通常、頭を下げて壁にくっつけ、前進することが多い。身体が傾いて不安定なので、頭を壁につけてそのまま進むのであろう。

そこで考えだされたのが、楕円のウレタン、ぐるぐる小屋だ。この木材で楕円の囲みを作るのは、本当に困難で何度もやり直しをしたというが、私は初めてこの部屋を見た時に、その発想と技術力の高さに驚愕した。この部屋は徘徊する犬猫たちにとって、完璧な完成度だった。


そこでロブは1日中、心ゆくまで安全にぐるぐる回っていたという。ウレタンに頭をくっつけて。そんなロブはそれからしばらくして、死んだ。愛さんに保護されるまでは、悲惨な人生だったであろうが、愛さんに保護されてからは、できる限りの愛情のこもった環境と、お腹いっぱいのご馳走を毎回食べた。その横には、たぶんお互いが初めての友達、猫のプッカが寄り添っていた。ロブは捨てられて初めて、人生の幸せを手に入れたのだ。そう愛さんに言うと、「痴呆になってから世話できたって、しかたないじゃないか」というが、私はそうは思わない。

ロブは肉体的には痴呆だが、うまく言えないが、実際のところは、理解していたと思うのだ。何を？　全てを。

これは私の持論だが、現世では私たちは肉体を所有するので、肉体的な疾患や、脳という臓器による精神的な疾患が心身に現れる。

しかし、魂に肉体はないので、死んだら生前どんな疾患を持った魂も、健常になるのではないか。現世で障害を持つ心身を選んだ魂は、ときに周囲で関わる私たちの偉大な教師となる、と私は思っている。

私のしゃもんも、生まれながらの膵臓や肝臓の奇形といった宿命を背負っていたが、それゆえにいとおしく、彼は私の人生のパートナーであり、相棒であり、かけがえのない宝であり、偉大な人生の教師であった。障害や病気を持った子と関わった人は、健常な子との生活では味わえないくらいの深い人生を経験する。それは常に死を意識せざるを得ない、そして〝何か〟にすがらないと享受できない人生なのかもしれない。

障害を持った子たちの多くは、仏縁のあった飼い主に達観や諦観という、悟りと言われる境地を教えるのではないかと私は思う。

私の友人の犬は愛され尽くされた子だったが、最後は寝たきりになり、全身の毛が抜けて逝った。それでも私の友人夫妻はその子を慈しみ、いつまでもいつまでも涙し、かけがえのない存在として毎日お経をあげている。その友人は若い頃は、美しいものばかりを好んでいた人だったのだ。

そんな偉大な犬猫たちは、飼い主を大きく成長させる。たくましく、優しく、愛情深く、そして忍耐強く。

ロブが火を点けた愛さんの動物保護魂は、それから24年たった今でも、燃え続けている。ロブは愛さんの保護活動のレールを引いた犬なのだ。そんなロブが、痴呆だったからと、愛さんのしたことが分からなかったハズはない。

〝予定調和〟(あらかじめ計画されていたこと)私はロブの話を聞いたときに、そんな言葉が浮かんだ。もちろんロブがそう言語化したわけではないのだけれど。ロブが死んで、1週間後に後を追うように、いつも寄り添っていた猫のプッカも死んだ。このようにして、愛さんの犬猫たちを送る〝送り人〟の保護生活が始まった。平成3年のことである。

◆太郎とシン

ロブを保護してからというもの、1か月足らずの間に、愛さんは瞬く間に猫を21匹、犬4頭を抱えることになった。それから十数年がたち、施設の犬猫は里親が決まる子もいたが、その数はじりじりと増えていった。

このあたりは愛さん自身も、どの時代に犬猫が何頭ずついたかは、正確には覚えていない、という。まぁ、抱えている犬猫が常時100匹を超えていたら無理もない。大体常に猫は100以上、犬が十数頭といったところらしい。

この数を二十数年個人で、それも寄付ももらわず、自己資金で保護していたというから驚きだ。また常時ボランティアがいるわけでもなかった、にもかかわらずである。

以前、親しくしていた敬愛する保護団体の会長から、「個人で抱えられるのは、猫では20匹以下にしないと破綻の可能性が高くなる。それ以上の数で破綻したら、悲惨な状況になる。健全さでいうならば、10匹以下だと思う」そう聞いたことがあった。

望まないに関わらず、愛さんの施設にはどんどこ保護犬猫が持ち込まれ、増え続けていった。そんな中「太郎」と名付けた1頭の中型中毛のMIX犬。ザ・雑種といった風貌の太郎に里親さんが決まった。

太郎はおとなしく忍耐強い犬で、里親先のご夫婦と妙齢の娘さんの3人家族は、とても太郎をかわいがってくれた。保護した子が優しく愛情深い里親さんのもとへ行き、かわいがってもらえる。そんな報告は、保護した側の苦労が一気に報われ、感無量となる瞬間である。

そんな幸せになった太郎と入れ違いに、愛さんは1頭の犬を引き取った。その犬は太郎と同じく、中型でクリーム色の長毛のオス。前の飼い主は「シンバ」と名づけていたが、その犬の境遇と生い立ちを聞いた愛さんは、この子に前の飼い主を引きずって欲しくないと「シンバ」ではなく「シン」と名前を変えた。シンは子犬の頃、ある若夫婦に引き取られ、かわいがられていたという。特にシンをかわいがったのは、旦那さんだった。しかし、時が流れ、ご夫婦は離婚。シンを引き取ったのは奥さんのほうだった。

かわいがってくれたお父さんが突然いなくなったシンは、ストレスからか噛みつくようになる。そんなシンは、だんだんと奥さんの手にあまるようになり、散歩に連れて行ってくれるのは、シンをかわいがってくれていた、近所のおじいさんの役目になっていった。

ある日、思いあまった奥さんは、獣医に頼んで、シンの全ての歯を平らに削り取ってしまう。手が使えない犬にとって、歯は人間以上に重要な役割を持つ。それに人間同様、歯には神経が通っているのだ。全ての歯を削られて、どんなに痛かったことだろう。いや、痛みはずっと続いていたのかもしれない。全ての歯を削られても、シンの噛みつきは治まらなかった。問題行動の原因を解決せず、ますます痛みやストレスを増やすことをしたのだ。噛みぐせが治るハズもない。

奥さんが保健所でシンを殺してもらう、といった話が愛さんに持ち込まれ、愛さんはだまってシンを引き取った。シンはやはり噛みつき犬であったというが、不思議と愛さんのことは1回も噛まなかったという。

愛さん以外誰にも触らせないので、いつもリードは2本つけ、他の人には触らないよう注意勧告が発令されていた。

シン以外の犬は愛さんが出張などのとき、愛さんの友人が散歩をさせることもあったが、シンだけは愛さんしか散歩に連れ出せず、シンは愛さんの帰りをひたすらに待っていた。

そんなある日、里子に行ったときに、すでに若くなかった太郎が亡くなった、という知らせがきた。太郎は、捨てられた人生を払拭するような、愛された晩年を送り、天寿をまっとうして逝った。

「また、愛さんから犬を譲り受けたいのですが」

太郎の里親さんが、ご家族で施設を訪れた。そのとき、愛さんはおとなしく温和な二代目ロブを里子に勧めた。しかし、太郎の里親さんは、太郎とよく似ていたシンを里子に欲しいという。

「シンは噛みつくから、ダメです」

愛さんがそう言うも、「太郎に似ている。シンが飼いたい！　シンがいい！」その強いご家族の熱意に、「ならば、お試しで」と、シンはそのご家族の家にいった。

シンが来て、一番喜んだのは娘さんだった。太郎を一番かわいがり、一番世話をしていた娘さんは、太郎とよく似たシンを大歓迎で迎えた。

娘さんは太郎を溺愛するあまり、いつもいつも太郎をなで、抱き、世話をやいていたという。それでもおとなしい太郎は、されるがままにしていた。しかし、シンは元の飼い主である大好きなお父さんに見捨てられ、奥さんから叩かれ殴られ、飼育放棄され、歯まで削られ、人間不信になっている。ましてや、あまり世話をされてこなかったので、人から触れられるのをとても嫌がった。

娘さんは、そんなシンの境遇を聞き不憫に思い、シンに噛まれても噛まれても、シンをかまい、世話をやいた。太郎と同じようにシンをなでる。かまう。シンが嫌がって噛みつく。両親に、「シンは太郎と違うのだから、そんなにかまってはいけない」と何度か諭されても、娘さんは「シンちゃん。シンシンちゃん」と、シンをかまっていた。

「なんで、こんなにかわいがってるのに、シンちゃんは噛むの？」

そんな環境にシンはぐったりとし、ご飯も食べなくなり、ストレス性の下痢が続いた。

シンを手放したくない！　という娘さんを置いて、両親が愛さんに相談にきた。「シンがすごいストレスでかわいそう」と。その少し前に愛さんは、引っ越しするから飼えなくなって殺処分する、というゴールデンの女の子「みつば」を、飼い主から引き取っていた。

ご存じの通り、ゴールデンの女の子なら、もうもうどんなに触られても足りないくらいである。

1日中飼い主と一緒にいて、かまってもらうのが大好きな犬。シンの里親さんは、すぐにみつばを飼うことを決めた。心やさしい娘さんは、シンとの別れに号泣したというが、その後、世話焼きの娘さんとみつばは、生涯の親友になったことであろう。

それからシンは愛さんの施設の犬になった。

私が出会った晩年のシンは、相変わらず、愛さんにしか触らせなかった。

よく愛さんは、銀行に入金しそこなったお金をシンの小屋に吊るしていた。

迫力のあるシンの唸り声と噛みつき攻撃を見ていると、ブラジルに滞在していたとき、お金持ちたちが「どんなセキュリティーより、大きな犬を放しておくのが一番さ」と言っていたことを思い出した。シンはやはり私にも触らせなかった。シンにとって、唯一心を開いた人間は、愛さんだけだったのだろう。しかし、その数年後、愛さんが重病で長期入院を期に、シンはあずかりさんのところで晩年を終えた。

今ではシンも、多くの子と一緒に、天で唯一心を許した愛さんを待っていることだろう。

◆ベル

ベルはまだ離乳したばかりの子犬のときに、段ボール箱に入れられ、河川敷の橋の下に兄弟3

頭で捨てられた。今では中型の雑種の子犬が捨てられる、ということは都心ではあまり見かけなくなったが、20年近く前にはまだまだ都心でも捨て犬が多かったという。子犬たちは、クリーム色の中毛で、2頭はすぐに飼い主が決まった。しかし、ベル(♂)だけは他の兄弟より一回りも身体が小さく、下痢ばかりしていた。健康になったら里親を探そうと思ったものの、この頃の愛さんは犬だけで20頭近く抱えていて、病弱な子犬のベルの世話まで、手がまわらない。

そのときに、浅谷さん(仮名)という当時50歳くらいのホームレスが、「自分がベルを預かりたい」と申し出てくれたという。浅谷さんは河川敷に住むホームレスではあったが、とてもベルをかわいがり、ゴミ回収車の仕事で生計を立て、ベルの食事代は自分で稼ぎ、愛さんにお金を無心したことがなかった。愛さんが日常の作業に追われているうちに、ベルを里子に出すタイミングを逸し、4年がたった。その間、いつも河川敷には、浅谷さんがベルを散歩させる光景があったという。

野良をやったことがなく、浅谷さんにかわいがられて育ったベルは、中型のMIXではあったが、子犬のような童顔と純血種のようなわがままさ、さらに天真爛漫さを持って育ち、誰からも好かれた。

ベルが5歳のときに、ベルを里子に欲しいという人が現れた。その話を浅谷さんにすると「ベルは手放せない。自分にこのまま飼わせて欲しい」そう懇願された。このような状態のとき、いつも愛さんは犬のことを考えて、里子に出すよう諭す。

「お前はホームレスなんだ。犬は20歳近く生きるかもしれない。病気をしたらお金もかかる。今なら里子にいけるが、あと10年たって、お前が先に死んだらどうする?」

愛さんはいつもそんな正論を彼らに言う。

それでも、浅谷さんがこの5年間、毎日朝夕かかさずベルの散歩をして、食費や病院代もゴミ回収の仕事でまかなっていたのを、愛さんは見てきていたのだ。

愛さんは浅谷さんの申し出を了解した。それは彼に何かあったら、愛さんがベルを引き取ることを意味していた。

それから1年。

いいかっこしいで、弱い人には威張り散らす浅谷さんは、もともと河川敷の嫌われ者であった。河川敷にそんなホームレスはたくさんいるのだが、浅谷さんはあちこちのホームレス仲間とトラブルを起こし、借金もし、河川敷にいられなくなっていた。

そんな噂が愛さんにもれ聞こえてきた頃、施設に1通の置手紙が置かれた。浅谷さんからの手紙だった。その内容は、「いろいろ問題を起こして、ここにはいられなくなったこと。ベルを連れてしばらくこの土地を離れるけれど、ベルは自分が責任を持って育てるということ。もし、自分に何かあったら、必ず愛さんに連絡する」ということが書いてあった。

ベル6歳。それからずーっと、音信不通。行方不明の状態だった。ただ、風の噂で、「あいつをどこそこで見た」「元気そうなベルと一緒だった」そんな話は聞こえてきていたので、そのままにしておいたという。

それからさらに6年がたったころ、見知らぬホームレスが、突然ベルを連れて愛さんを訪ねてきた。6年ぶりに再会したベルは12歳になっていた。子犬のような童顔は変わらず若々しく、歯もピカピカ、身体も健康だった。

「昨晩、浅谷さんがテントの中で倒れて、救急車で運ばれましたが、そのまま亡くなりました。生前、自分に何かあったら、絶対にベルをどこそこの愛さんに預けに行って欲しい」

そう頼まれていたという伝言だった。

ベルは相変わらず天真爛漫で、わがままな性格は変わっていなかった。そのまっすぐな性格と、よく手入れされた健康な体は、どんなに浅谷さんがベルをかわいがり、世話をし、大切に守ってきたかが分かるようだった。

そんなベルが愛さんの施設に戻ってきたばかりのころ、私も施設を手伝うようになる。愛さんの犬・ジャイコ（♀）12歳とベル（♂）12歳の同い年コンビは、すぐに仲良くなって、どこに行くのも一緒だった。よく二人でくすくすと内緒話をしている姿が、とても愛らしかった。それから4年という月日をベルはみんなから愛され、大切にされ施設で過ごした。

体の割に、ベルはとても器の小さな犬で、よく小型犬が近寄ると鼻をいがいがし、我先におやつを欲しがった。私らがジャイコを呼ぶと割り込んできて、（自分をなでろ）と自己アピール。そんな器の小ささも天真爛漫なベルの魅力だった。

15歳になるころには耳が遠くなり、あれほど怖がった花火の音も聞こえなくなり、軽いボケも始まっていた。中型犬で16歳、かなりな高齢である。なんとなく体調を崩す日も増え通院していたが、ある日突然倒れ、そのまま愛さんに一晩看病され、静かに逝った。

「あのわがままで器の小さいベルが、最後にはあんなに立派に逝くなんて」

その親孝行な逝き方は、周囲の私たちの涙を誘った。

そんなベルも今頃は浅谷さんと一緒に、天国で愛さんの到着を待っていることだろう。

◆原発周辺からのレスキュー犬たち

2011年の原発事故の少し前から、私は高野山の正式な僧侶になるために、修行僧として、高野山入山の準備をしていた。四度加行《しどけぎょう》といわれるその修行は、大変厳しいもので、期間も長い。

高野山の修行寺に入るまでには、覚えなければならない所作や作法、お経の読み方や法具の扱い方、お寺の作務そのほか、さまざまな勉強が山積みだった。その準備のために、私は1年半前から飛騨高山の師匠の寺に、月に2~3度住み込みで修行に行く日々が続いていた。

そんなときに東日本大震災という未曽有の災害が、日本列島を揺るがした。

高野山入山の直前だった私は、東京の自宅と高野山、飛騨の寺を忙しく往復する日々。震災後、被災した動物たちのために、何もやってあげられなかった。

合間をぬって愛さんの施設にも行き、バタバタと作業を手伝い、また寺に行く。そんな生活が続いていた。


愛さんが福島から犬や猫をレスキューしてきたということを、私は事後承諾で知った。このとき、愛さんは重い持病や複数の重篤な病気を抱えて治療中だったので、原発事故後の福島までレスキュー活動に行ったら危険、と判断されていた。それにもかかわらず、愛さんは私が高野山に行っている間に、レスキューに行ってきたという。

愛さんの初めての福島入りは震災から2か月。やっと一時的に短時間だけ住民が帰還できるというような、全てのことがまだ混乱しているときだった。まだたくさんの犬や猫も取り残されている。そんな話を漏れ聞いて、とにかくどんな状況かも分からないまま、様子を見に他のレスキューボランティアさんたちと、福島に入った。

このとき犬たちは人間の姿を見かけると、我先に飛び出して来たという。反対に、猫たちはさぞ空腹だろうが、やはり知らない人間を見ると、隠れてしまう子が多かった。

その3日後、愛さんは車にできる限りのケージを積み込み、再度ボラさんたちと、4台の車で福島に入った。日本各地から民間の保護団体が我が身を省みず、福島に集結。現場はあちこちで犬と猫のレスキューが行われていた。

たくさんの犬や猫が保護されたが、保護したのは自費で来ている民間のボランティアたちだけ。国から保護活動に派遣された組織、団体は皆無だった。

このときに、愛さんがレスキューしてきた犬は8頭。

手当たり次第にとにかく犬たちを保護したのだが、ケージが足りず、車内には入り切らず、1頭は愛さんがひざの上に抱えて帰ってきたという。

秋田犬の桃太郎、2頭の姉妹MIX犬、ビーグル、甲斐犬のようなMIX犬、セッター2頭、柴のMIX犬、合計8頭。それらの犬たちは、すぐに放射線の検査に受けて、パスすると長年住み続けていた福島の地を後にした。

レスキューしてきた犬たちは、写真や特徴、保護した場所などを詳細に明記したチラシを作り、元の飼い主が問い合わせができるように、公民館など人が集まる場所に張り出された。

すぐに連絡がとれるよう、問い合わせ窓口も作ったが、情報が錯そうし、わが子を探す飼い主の落胆になることも少なくなかった。しかし、探し続けていた犬や猫と号泣の再会ができた人も、また少なくなかったのである。自費でレスキューに入った民間ボランティアの底力、尽力の結果であった。

愛さんは引き取った8頭の犬たちを、犬たちの相性を見て、用意した5つの犬小屋に入れた。初夏の時期、室内は風通しがいいように改造され、特製の犬小屋も置かれ、外の運動場は土と草があって穴掘りもできる。

ちょうど犬たちが新しい施設の環境に少し慣れたころ、私は一時、寺から下山して、初めて福島の犬たちと対面した。

犬たちが一斉に吠える声で、いきなり施設は賑やかになっていた。

愛さんから1頭1頭、犬たちを保護した環境や状況の説明を受けていたそのとき、ふと見ると、スレンダーな2頭の姉妹のＭＩＸ犬が、犬小屋の両サイドのネットを器用に登っているのが見えた。猫ならいざ知らず、犬もネットを登るんだ。初めて見る光景。

ただ、施設の犬小屋はもちろん天井もあるので、壁替わりのネットを登っても、外には出られない。

一通り、犬たちに挨拶をして、ふと犬小屋を見ると……。

んん？？　なんと、犬小屋の屋根の上（犬小屋の外）に、姉妹のＭＩＸ犬がいるではないか⁉

えぇぇーー⁉　なんで？　なんで？　外に、それも屋根の上にいるの⁉

「犬の脱走には高さはいらない。猫の脱走に強度はいらない」という文言をご存じだろうか？

犬は柵に強度があれば、そんなに高さはいらない。猫は柵に登れない状況と高さがあれば、強度はそんなにいらない、といったことらしい。

福島からきたこの姉妹は、犬の力と猫の身体能力を持っていたらしく、登っていたネットを破って、屋根の上に逃げ出したのだ！

大急ぎで追い回して、なんとか無事捕獲。彼女たちは、今度は破れないベニア壁の小屋に入れられた。

見かけもそっくりなこの姉妹は、いつも一緒にいる割に、ものすごく仲が悪い。寄ると触ると、ウオンウオン、ギャァーギャァー、とケンカが絶えない。

始めは止めに入っていた人間たちも、そのうち、「またやってる……」そんなニュアンスになっていた。

この子たちは飼い主さんがチラシを見て問い合わせてくれ、「2頭一緒なら間違いない」と、避難した親戚の家からご家族一緒に、車で4～5時間かかる距離を迎えに来てくれた。久しぶりの再会に人間も犬も歓喜したのは言うまでもないが、一番うれしかったのは愛さんではなかったのでなかろうか。

続いて甲斐犬のような子の飼い主さんから連絡が入り、無事ご家族のもとに帰還。福島からこの子たちをレスキューしてきて1か月。3頭が迎えに来た飼い主の元に戻り、5頭の犬がまだ飼い主を待っていた。

秋田犬のMIXと思われる桃太郎は、その立派な体型と裏腹に、とても気が小さい温和な犬。大型犬が大好きな愛さんや私にとって、桃太郎は何か特別に愛おしい存在になった。

それからしばらくして、秋田犬の桃太郎、2頭のセッター、ビーグルの飼い主が特定された。

特定されたのだが……、

「犬はいりません」飼い主たちは、ハッキリとそう言ったのだ。

その元飼い主のひと言で、この犬たちの里親探しが始まった。

「犬はいらない」そんな飼い主のもとに、戻らなくてよかったのだと思う。

もともと、かわいがられていなかったであろうことを、想像できる冷たいひと言。

2頭のセッター、ビーグル、柴MIXの4頭は、ほどなくして、里親さんが見つかった。この頃は多くの日本人が心に震災の傷を負って、「自分も何かできることがしたい」そんな強い気持ちも、里親探しを後押ししてくれたのだと思う。

かくして、施設には秋田犬の桃太郎だけが残った。

桃は性格は抜群にいいのだが、いかんせん、かなり大きいので、なかなか引きとれる人が現れなかった。そんな桃太郎と散歩する愛さんは、楽しそう。全身から「このままうちの子になぁれ！」オーラがほとばしっていた。

しかし、施設の状況を熟知している、一緒に福島にいったボラのマリアMさん（Mさんの洗礼名。また、動物たちのマリア様の意）が、諦めることなく、里親会のたびに桃太郎を連れ出してくれ、ついに桃に里親さんが見つかった。それも、走れるほどの大豪邸。

今回は辛口の愛さんも、桃のためにと、名残り惜しみながら里子に出した。


施設から福島の犬がいなくなったころ、今度は福島からレスキューされてきた猫たちが続々とやってきた。

この頃の福島はもう犬の姿を見ることがなく、今度は猫のレスキューが始まっていた。

1頭の犬、1匹の猫、一人の人を殺すのは簡単だ。

しかし、生かすのは大変。ましてや、幸せにするのは至難の技。

それでも、その至難を請け負っても、無償で奉仕する人がいる。

日本の犬猫界はこのような、名もない、勇気と熱意にあふれる民間ボランティアに支えられている。

たった1頭の犬。たかが1匹の猫。

それでも、助けられた子は地獄から天国である。

そんなたかが1匹の猫、1頭の犬が、私たちの人生や生き方を根底から変えたり、ゆるがすということを、私たちは知っている。

そんな小さくとも感動の輪が、つながりが、広がっていったら嬉しいと思う。

第5話

事件の謎は藪の中

猫たちがつながれていた橋の下の現場

時は11月。朝夕はかなり冷え込み、施設のある場所ではストーブがないと過ごせない季節に突入。この時期から暖かくなる春くらいまで、施設では猫たちのために9台の灯油ストーブがフル回転だ。

シェルターや各猫小屋は、外側を分厚いビニールでおおい、数ある隙間を新聞紙やガムテープで目張りする。室内にはふとんを敷きつめ、段ボール箱の内側に、発砲スチロールを貼り付けた小部屋を猫の数だけ設置。もちろん小部屋にも、ふかふか毛布を入れる。しかし、それでもやはり真冬は底冷えするくらい寒いのだ。

特に年寄りや幼猫、身体が弱い子や病気持ちの猫たちは、火の気がないと寒がるし、風邪をひく。しかし、愛さんの施設には里親に行けなかったそんな子しかいないのである。

昼間はストーブを我慢してもらっても、夕方から朝までは必要不可欠。どんなに姑息にしぼって使っても、施設での燃料費は灯油とガソリン代も入れて、ひと月に14~15万円かかる。

ああ、なんて恐ろしい金額。まるで人間ファミリーの家賃のようである。

(かわいそうだけど、今晩はストーブなしで我慢してもらおうかな。室内は目張りもして、発砲スチロールが貼った小部屋もあるから大丈夫だよね……)

自分にそう言い聞かせつつシェルターに行こうものなら、まだ火が点いていないストーブの前に、猫たちが団子になって集まっているではないか。

「もうそろそろあったたかくなる時間だよね」

「まだかな？　まだなのかな？」

「寒いね。早く赤くならないかなぁ」

「あそこが赤くなったら、あったたかくなるんだよ」

そんな会話をしているじゃありませんか！

「あう、ヴ、ヴ、ヴ……」

呻《うめ》いたところで仕方なく、泣く泣くストーブを点けて回る。

「わぁ、点いたよ」

「うん、あったかいね！」

そんな猫たちの声をかき分け、ストーブの火を消える寸前まで絞って回る。

そんな11月のある日の夕方、施設で作業をしていると、猫のエサやり命の高原さんがやってきて、なにやら愛さんに相談をしているではないか。

（うっ、愛さんがいる時間に高原さんが来るなんて、また何か厄介ごとかなぁ）

高原さんは猫のエサやりだけが生きがいの近所に住む60代後半のホームレス。「奇跡のゴロー」の項に登場した人物だ。

猫を大事に思うことはいいのだが、あちこちでエサやりをしているから、当然エサやりの猫も増えるし、いろんな猫と遭遇する。子猫や不妊が必要な猫、怪我した猫等々。

こんな猫たちを見つけては、結局は愛さんの施設に持ち込むことになる。

そんな高原さんは、愛さんや私からもお金を借りていて、まず愛さんがいる時間帯に施設に来ることはない。愛さんが仕事に行っている時間に、ウサギ小屋の掃除の名目で、施設に出入りしているのだ。なのに、そんな高原さんが愛さんに話をしにきている。やな予感……。


しばらくして愛さんが神妙な顔つきで声を上げた。

「妙玄さん、作業中止だ。○○橋の下で猫が6匹、紐でくくられて虐待されているらしいんだ。すぐに行こう！」

あ゛あ゛あ゛……、やっぱり、事件。高原さんがからんで、いい話だったためしがない。


ことの顛末《てんまつ》はこうだ。

数日前から「元気」というほぼ盲目の年寄りのオス猫が、施設から行方不明になった。元気は片目がなく、残りの目も濁っていてほとんど見えない。

見えないわりに行動範囲が広く、施設内で一番遠出をする猫である。周辺に車との事故の心配がない愛さんの施設では、内外自由な子にはなるべく自分で生き方を選ばせている。とはいえ、そんな自由な生活は、いざとなったとき人間サイドに葛藤と未練を生む。

元気はよく施設を出て、近くの公園や遊歩道、土手などを自由に散策していた。毎日ご飯どきには帰ってきていたし、姿を見ないといっても、1日くらいのことだった。

そんな元気がもう何日もいない。十数年も施設にいる元気にとって初めてのことだった。

愛さんは近所に住む広範囲のホームレスにも声をかけ、多くの時間をかけて元気を探し続けていた。しかし、依然として元気の行方が分からない。

いなくなる直前まで、元気はいつもと変わらずに過ごしていた。自ら死に場所を探すような体調不良でもなく、家出するような出来事もなければ、そんなことをする猫でもない。

愛さんは、かなり広いエリアに缶集めに行く高原さん

元気

にも、元気がいなくなったことを話していた。このようなとき、高原さんはものすごく親身になって猫を探してくれる。隣のホームレスがいなくなっても気にかけず、誰か倒れていても平気でまたいで通るような人ではあるが、こと猫のことになると情熱を燃やす。

そんな高原さんが、あちこちで元気を探してくれていたときに、どうやら〇〇橋の下でつながれて、虐待されている猫6匹を見つけたらしい。

「妙玄さん！　早く、早く！」

愛さんにせかされて、ケージを4個車に積み、高原さんの案内のもと、3人で虐待現場に直行。道すがら車内で、高原さんにことの顛末を聞いたのだが、どうにも話が分からない。おうおうにしてホームレスさんの話はよく理解できないことが多い。ホームレスさんは共通してコミュニケーションをとるのが苦手な上、高原さんは虐待現場を見て興奮しているので、内容が交錯してよく分からないのだ。

なんとか理解できたのは、どうやら30代のホームレスが河川敷の橋の下で、6匹の猫を捕まえて、棒に猫の身体をくくりつけているということらしい。

もう12月になろうとしているこの寒風吹きすさぶ中、6匹の猫は身を隠すこともできず、棒にくくられたまま放置されている。猫を捕まえた男はその場所にいないが、驚くべきことに、もう何日もそのような状態で、猫はくくられているらしい。その男は、最低限のご飯はあげに現場に来ているようだ、というのだが……。

詳細がよくわからないまま現場についた頃には、辺りはすっかりと暗くなってしまっていた。ライトを照らしながら橋の下に行くと、なんと、等間隔の鉄の棒に猫が1匹1匹、ロープでくくられて身動きができないでいるではないか！

絶句……。まさに言葉が出ず、そのショッキングな光景に思わず足がすくんだ。

誰にぶつけるともない愛さんの怒声が響いた。気を取り直して恐る恐る近づいていく。猫たちはロープで首と脇をたすきがけにくくられ、鉄の棒につながれて首つり状態で、もがいていた。どのくらいの日数くくられていたのか分からないが、ロープが食い込んだ首や脇は深くえぐれて肉が裂けている。ざくろの実を割ったようにはじけているのだ。正視するのがためらわれるほど。

棒の側には、猫が入れるようにふとんをかけた段ボールが置かれていたが、これは夕方にこの状況を発見した高原さんが、「とにかく寒さよけに」と、河川敷でふとんを集めてきて置いたものだった。

河川敷の橋の下は、想像以上にすごく風が吹き抜ける。夏は涼しくていいのだが、冬はものすごく寒いのだ。それまで、猫たちは風よけもなく、鉄の棒につながれたままだった。高原さんが段ボールを置くと猫たちは首つり状態ながら、素早くその中に飛び込んだという。ロープでくくられたままではあったが、とりあえず隠れる場所と寒風よけにはなっていた。こういうときの高原さんの判断力と行動力は、尊敬に値する。高原さんはそのまま、自転車を飛ばして、愛さんのもとに駆け込んだのだった。

私たちが近寄ると、虐待されているのに驚くほどおとなしくて抵抗もせずに、うながされるままケージに入る子もいた。おとなしいから捕まってしまい、くくられても暴れず抵抗しなかったのだろうか？　このようにあばれなかった子は、思いのほか軽症だった。とにかく早くロープを首からはずしてあげたかったのだが、あたりは真っ暗、とにかく一刻も早く全員を捕獲して、病院に直行する必要があったため、鉄の棒につながれていた所のロープだけを切り、首や脇にめりこんだロープは、病院ではずしてもらうことにした。

傷の様子も分からないままに、めり込んだロープを外してしまうと、肉も一緒に削げ取ってしまう心配もあった。

そんなおとなしい子とは別に、当然のことながら人が近寄ると、くくられたまま力任せに逃げようと暴れる子もいた。そのような子はみるも無残なほど首や脇に紐が食い込み、肉が裂けて重症であった。そんなに自分を傷つけながらも、必死で逃げようとする子はパニックを起こしている。だが無理やりにでも捕まえて、早く病院に行くことが先決だ。

まだ幼猫くらいのミケがことさらキツイ。私たちが近づくと大パニックになって、くくられたまま蝶々のように空間を飛びまわる。そのたびに、ますます紐に引っ張られて、目が飛び出んばかりに首が絞まる。

そりゃ、怖いよね。ロープでくくられて身動きが取れないところに、猫にしてみたら、知らない人間が何人も近寄って来て何かされるわけだから……。

このままだと、逃げようとした反動で首の骨でも折りかねないので、かなり手荒に捕まえてケージに入れる。ミケはケージの中でも暴れ、叫び、震え、失禁していた。

もうもう早く病院で治療して、施設の広い

救助した後のロープと缶詰の空き缶

シェルターに放してあげたかった。

「高原さん、6匹か？　他にいなかった？　これで全部か⁉」愛さんの問いかけに、

「大丈夫。さっき来たときは明るかったから、他にいないか周辺も見ました！」こういうときの高原さんは抜かりがなく、猫の見分けがつくので頼りになる。

6匹の保護が終わって周りを見渡すと、猫のケージや缶詰がいくつか転がっていた。ご飯はもらっていたのだろうか？　いつからこんな状況なのだろう？　けっこう人が通る場所なのに、誰も通報しなかったのだろうか？　だいたい、猫たちを捕まえた人はなんのために、こんなことをしたのだろうか？　分からないことだらけの現場をあとにし、途中で高原さんを降ろして、愛さんと病院に直行。

お世話になっている院長に事情を話すと、「えっ⁉」と小さく声をあげ「ひってぇな……」と悔しさの言葉がもれる。傷の様子からして1週間以上は、くくられて首つり状態だったとのことだった。

1週間⁉　こんな状態でよく生きていた。いや、死んだ子もいたかも知れない。

ミケ以外は何とか保定《ほてい》（動物を診察台に押さえること）でき、丁寧に診察してもらえた。1匹

1匹、食い込んだロープをゆっくり慎重にはがしてもらう。食い込んだロープと肉が混じりぐじゃぐじゃな子。骨が見えるまで裂けた肉が溶解してしまっている子もいる。室内灯に照らされてみると、まさに見るも無残な光景だった。

傷の治療とそれぞれの病気の検査（エイズ・白血病の有無）、そして、傷が癒えたらみんな不妊手術の必要がある。

一番、怖がってキツいミケは傷もひどいので入院させてもらい、沈静《ちんせい》（麻酔薬の投与）をかけてからロープを外し、傷の治療などをしてもらうことになった。

いきなり6匹もの治療や検査と不妊手術。さらに、この子たちを入れる新たな小屋の改造と、愛さんに数十万の費用がのしかかる。どうにも私は、高齢で持病も持っている愛さんにのしかかる、その費用の負担ばかりを心配していたが、愛さんは、

「よかったなぁ……。見つけてあげられて、ほんとによかったなぁ」とお金の心配よりも、猫たちをレスキューできたことを純粋に喜んでいた。

施設で私たちの帰宅を待っていた高原さんが、「あそこはけっこう人が通るところで、この状態を見ていた人はたくさんいるはずで、猫たちはずっと棒にくくられた状態なのに、誰も助けてくれなかったんだよね。愛さんだけ。愛さんだけしか助けてくれなかった」とつぶやいた。

結果論になるが、もし通行人に通報されていたら、野良のこの子たちはこの状態からは救われ

ても、その後は殺処分されていたかもしれない。野良の子6匹も引き取れる人なんて、まずいないのが現実だ。

急ぎ、この6匹の猫たちを入れる小屋を作る必要がある。そこは、大工仕事ができるホームレスの大島さんにお願いして、突貫工事で二重ドアもつけた、防寒仕様の小屋が完成。室内にはふとんが敷きつめられ、段ボール箱の内側を発砲スチロールで囲んで、ふかふかタオルを入れた小部屋も6個用意した。それでも夜は息が白くなるこの季節、室内にはストーブも入れられた。

こういうときの愛さんは資金勘定も頭になく、「とにかくこの子たちに暖かくて快適な居場所を！」そのことしか考えない。考えられる限りのことをする。〝してあげる〟ではなく、愛さんは〝する〟のだ。まずは現実的に「いったい、おいくら万円かかるのかしら？」と、びくびくお金の心配をする坊主と、立場が逆転してしまっている。

退院してきた幼猫のミケ♀《メス》は「みけち」と命名。やせてガリガリのノッポの老猫・白黒の♀は「杏」、片目が白濁しているきじの幼猫♂《オス》は「にゃんにゃん」、身体が大きい若いきじの♂は「まるい」と命名された。

そして幼猫の黒白♀が2匹と全部で6匹を同じ小屋に入れる。みんな、エイズや白血病などの病気もなく、ものすごくご飯を食べる。白黒の杏ちゃん以外はみなすごく若いので、落ち着いてきてなつく子は、里親さんを探す予定だ。

ストーブが焚かれて暖かく、自由に動くことができる部屋。たくさんの移動棚、自分だけのふかふかタオルが敷かれた小部屋に、たっぷりの食事。そんな環境の中で6匹の猫たちの悲惨な傷はどんどんと良くなっていった。しかし、小屋に人が入ると逃げ回る。当たり前だよね、人間にあんなことをされたんだから……。それでも掃除で小屋に入るたびに、

「もう少し、傷が治って落ち着いたら、不妊手術をして、外の運動場がある広いシェルターに移動しようね」そう声をかけた。

猫たちの回復は目覚しいものだった。そんな猫たちを回復させることに加えてもうひとつ、愛さんにはやらなければならないことがあった。

そう、猫たちを捕まえて、ロープでくくったまま放置していた犯人探しである。私は知らなかったのだが、猫たちを保護したと同時に、愛さんは犯人探しをしていたのだ。

愛さんが周辺のホームレスに聞き込んだ情報によると、犯人は30代後半の男のホームレスであること。少し前にこの場所に流れてきたこと。そして、ややこしいことにその男は〝猫好き〟で

あり知的障害者手帳を持っている、ということだった。さらになんと、愛さんはその男を知っていたというではないか！

えっ？　なにそれー⁉

愛さんは施設周辺のホームレスの世話役もしていて（周囲が頼ってくるのでしかたなくなのだが）、ホームレスがややこしいトラブルを持ち込むことも多い。私はなるべく猫のこと以外、そのようなトラブルに首を突っ込まないようにしているし、愛さんも猫以外のトラブルを私に話すわけではないので、後になってから「えぇぇーー！　そんなことあったんですかぁーー！」ということも多い。河川敷のホームレス集落では、そんなことは日常茶飯事であった。

河川敷の橋の下で猫をロープでくくっていた犯人（A氏としておく）は、猫を虐待するつもりで、野良さんを捕獲して棒にくくりつけていたのではなく、このA氏、猫が大好きで、飼っているつもりだったのだという。

「なんじゃそりゃー⁉」

A氏がやっていることは、猫にとってはまごうことなき大虐待なのだが、A氏は猫たちに水もご飯もあげていて、本人は飼っていた、ということらしい。

さらなる聞き込みの結果、このA氏、昨年の夏にも野良猫を数匹捕まえて、ケージに入れたまま自分のテントの中に入れて、本人いわく「飼っていた」ということも判明した。真夏のテントの中は、サウナと同じような環境になる。さらに、当然のことながら、ホームレスが使うテントは粗悪なビニール製。

夏の炎天下、そんなビニールの灼熱地獄のテントに閉じ込められた猫が、熱中症でグッタリすると、なんとA氏は動物病院に連れていっているのであった。A氏のテントから病院の領収証が見つかり、その病院でことの成り行きを愛さんが聞いていた。

A氏は、真夏に猫をテントに閉じ込め、グッタリすると病院に連れていき、缶集めで稼いだお金で治療費を支払い、帰宅するとまたテントに閉じ込めてしまい、猫を死なせる。A氏はこのようなことを繰り返し、結局3匹の猫を死なせていた。

愛さんがこのことを知ったのは、猫が3匹死んだあとだったという。

とあるホームレスを通じて、愛さんが本人と話をするも、A氏は「猫が好きだ」「かわいい」「かならずご飯は1日2回あげている」「病院も行っている」そう言うばかりで、愛さんが炎天下のビニールテントに猫を閉じ込めると、暑さで死んでしまうことを、いくら説明しても彼は理解できなかったという。

すかしても、なだめても、怒っても、通じない。愛さんは困り果て、「とにかく二度と猫を捕まえるな！」とA氏に約束させたというが、本人が理解していないのだ。本人は「なんで猫を飼ったらダメなんだろう？　ご飯もあげて、病院にも行っているのに」という感覚なのだから……。

しかたなく、愛さんは周辺のホームレスに、A氏の動向を見張るように頼んでいたというのだ。しかし、いつの間にか姿が見えなくなり、1年半ほど行方不明だと思ったら、場所を変えた河川敷に住みつき、今回の首つり事件につながった、というのがことの顛末である。

A氏は今回、自分が捕まえた猫を愛さんが発見、保護した、というのを漏れ聞いて知ったらしく、そのまま自分のテントには戻らず、どこかに逃げてしまった。

もちろん、警察にも事情を話し、A氏確保の依頼をしたのだが、「ご飯をあげている」「動物病院に連れて行っている領収証がある」ことから、虐待の証明ができず、本人の確保はできないということであった。

結果的には、猫が苦しんで何匹も死んでいるし、今回のようにくくられて瀕死のケガをしているにもかかわらず、野良猫が相手であることと、飼育していたと思われることと、A氏が障害者手帳を持っていることなどの理由から、警察はA氏の捜索に動いてくれなかった。

このままでは、またどこかで同じことをする。本人はかわいがっているつもりでも、すでに何匹もの猫が死んでいるのだし、今回だってもう少し遅ければ数匹は死んでいたであろう。いや、今回だって死んでいるのかもしれない。

愛さんはずっとA氏を捜していたが、捕まえることはできず、行き先の情報もなかった。そしてかなり広範囲のホームレスにことの顛末と、A氏捜索の通達が発令された。

「奴を見つけたら、本人に声をかけずに、俺に連絡するように」

そしてこんなことを言う「奴を捕まえたら怒らせて、それで俺のことを刺してくれたら、傷害でぶち込めるんだけどなぁ……」この人は本気でこのようなことを考えるから恐ろしい。


それからもA氏の行方は依然として分からない。

しかし、この事件では、ものすごく不思議なことがある。A氏に捕まった猫の特徴である。

片目が白濁している幼猫・にゃんにゃんと、老猫・杏にいたっては、なんだこの猫は？　と声をあげしまうほどにおとなしくて、人間が大好きで、自らよじ登ってきて抱っこをせがむのである。いろいろな野良さんを見てきて思うのだが、この2匹の人なつこさは異常である。

こんなんで、どうやって野良をしてきたのだろうか？　謎である。

また、ミケは滅茶苦茶キック、人に触らせるどころか、近寄らせもしない。愛さんや私はそれなりに猫をあつかってきている。そんな私たちが手を出せないようなキツイ子。

A氏はこんな子をどうやって捕まえ、猫が逃げられないような縛り方で、首と脇をくること

もの凄くキツかったミケ

ができたのであろうか？　しかも一人で？　さらに驚くべきことに猫たちをくくっていたロープは、トラックの荷台をくくるような人の小指くらいの太さの丸いものなのだ。細く食い込むビニールの縄ならいざ知らず、そんなに太いロープでは、身体が柔らかい猫は、身をよじってすり抜けてしまうはずだ。

「どうやってこんなことができたのだろう？　まるで魔法みたいだ」と愛さんも首をひねる。

後日、どうしても捕獲できない子がいるときにヘルプをお願いしている捕獲のプロM氏から聞いた話によれば、

「首と脇を太いロープでくくるのは、○○地区の人の縛り方なんですよ。○○地区には一部食用としての猫の捕獲のやり方が伝承されていますから」とのこと。

たしかにその地域は○○地区の人が多いことから、○○村と呼ばれていたのだ。

本人がいないのでことの詳細は不明だが、とにかくA氏の猫の捕獲の仕方はまるでマジックのようだった。

今回の事件で唯一の救いは、首つり虐待から一転して、レスキューされた猫たちの回復である。1匹1匹、不妊手術やウイルス検査を終えた彼らは、広いシェルターに移され、大量のおいしいご飯をお腹いっぱいもらい、体も心もどんどんと回復していった。もともとおとなしく人好きな片目のきじ♂にゃんにゃんは、早速、朝ボラの優しいCさんのところに里子に行くことが決まった。

白黒の老猫・杏はおとなしくてかわいいのだが、身体がやせていてノッポな老猫なので、里子には行けそうにない。そんな杏がシェルターであまりに人恋しく私たちを呼んで鳴くので、シェルターから出して本殿に置いたら（わたし、もう10年ここにいるのよ）みたいに面持ちで、内外の自由な空間を満喫している。

やせっぽちのくせにかなりの大食いで、他の猫のご飯を体当たりで略奪するくらい、食べ物に執着している。

お気に入りは愛さんのベッドで、ここで伸び伸びと眠りながら、そのまま、じょーじょーと、おしっこをしている。「杏……、そこはおトイレではありません」いくら言ってもじょーじょーとする。もしかしたら、おトイレができないから捨てられてしまったのかな、とも思う。

黒白メス２匹とキジのオスは、いつも里親探しに尽力してくださるマリアMさんのご協力のもと、それぞれが現在、里親さん宅にトライアル（お試し、お見合い期間）中。

唯一、超きつかったミケも、広くて快適な空間で落ち着いてきたのか、シェルター内で私たちとよく遊ぶようになった。小さなお手々を丸めて猫パンチを出してくる。しかし以前と違って爪を引っ込めた猫パンチの仕草は「遊ぼうよ！」と言っているようでとてもかわいい。

橋の下で鉄の棒にくくられていた悲惨な状況を思い出すと、彼らの変化が感慨深い。


愛さんの施設と関わる前の私は、「凄惨な現場は、とても自分では務まらない」と思っていたのだが、いざ現場に入ると、そんな情感よりも、とりあえず目の前の出来事に身体が動いてしまう、といった状況だった。

犬猫の保護活動をしたいけど、「そんな現場、私には無理」とお考えのみなさま。案ずるより生むがやすし、そんなこともあるわけで……。

このような瀬戸際の命の現場と関わっていると、「自分ができる、できない」よりも「自分がやりたいか？　やりたくないか？」という選択になってくるように思う。

老猫の杏ちゃんは、今日も本殿でなが〜〜く伸びて、愛さんのふとんでおねしょをしながら、お昼寝をしている。

K・Yのいじめ猫・大きいピースのご飯を横取りするのも、杏だけ。半年くらいかけて、杏以外の子は、みなマリアMさんが里親を決めてくださった。
もうかなりな年の杏だけは、愛さんの施設の子になった。毎日が穏やかで幸せそう。そんな彼女の姿を見ていると、レスキューできて本当に良かったなぁ、と思う。

杏（左）とにゃんにゃん

愛さんがしみじみと言う。
「行方を探していた元気はいまだに見つからないけれど、行方不明になった元気がいなければ、高原さんはあの子たちが吊るされていたあの場所に行かなかったわけだ。元気が行方不明になったから、あの6匹は助けられたんだなぁ。元気が身体を張ってあの子たちを助けたんだなぁ。どうしてるかなぁ、元気は……」
愛さんの目には涙が光っていた。

どんな悲惨な出来事にも、自分なりの意味づけと答えがあり、さまざまな関わりがつながっていく。どんな状況であれ、自分がその出来事に関わった意味がある。その意味とは、私とこの子だけの閉じられた世界の扉を開く鍵となる。

私とこの子とそのほかの他者にたいする貢献。こうして、私たちの世界は「助け」「助けられ」つながっていく。

第❻話

引き寄せられた3匹の猫

ペチカ

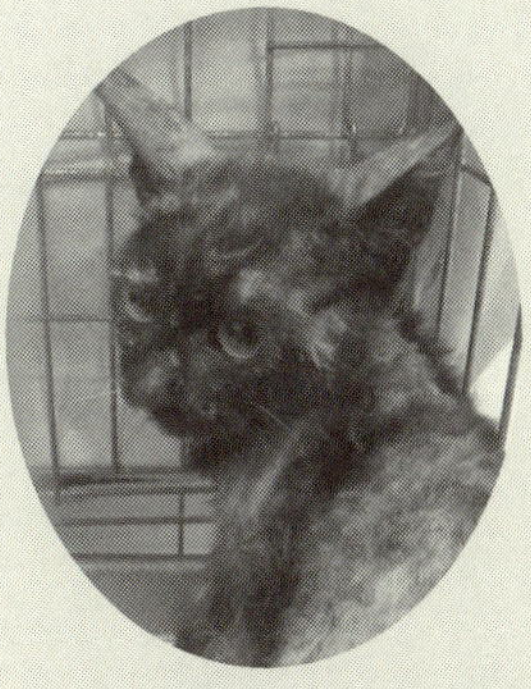

オイリー

アビシニアン似のアビー、ロシアンブルー風のペチカ、サビ猫のオイリー。この3匹は異なる場所で別々に救助保護され、ほぼ同じ時期に時間差で、愛さんの施設にやってきた。この3匹はみなメスで、月齢も生後半年くらいの子猫と幼猫の中間で、みな同じ。これはそんな3匹の子猫の三通りの人生の物語である。

◆アビシニアン似のアビー

珍しく早く仕事が終わった愛さんが施設で作業をしていると、ホームレスの妻《つま》さんが走って施設に飛び込んで来た。

「愛さん、大変だ！　今、猫が橋から投げ捨てられたみたいだ！」

その言葉を聞き終わる前に、愛さんは橋の方向へ走り出す。

「どこだ⁉　どの辺だ？　猫はどこ行った⁉」

現場に到着すると、周辺で唯一の女性ホームレスの民子さんが草むらに立っていて「あっち、あっち！　あっちに走っていったよ」と叫ぶ。

「おい、応援呼んできてくれ。今いるホームレス、みんな連れて来てくれ！」

愛さんの怒声に、妻さんがあわてて河川敷のホームレスに声をかけて回る。

この橋の下には川が流れているのだが、飛び込み自殺もさして珍しくなく、橋から地面まではそれが可能なくらいの高さがある。この橋の周辺はホームレス集落で、時間を持て余す彼らは、周辺の様子をけっこう観察していた。

数人のホームレスの目撃情報によると、「自転車に乗った人が、橋の上から何かを放り投げて走り去った」「自転車のかごからスーパーの袋を取り出して、橋から投げた」「草むらに落ちた袋はガサガサ動き、中から子猫が飛び出して走っていった」など。

総合すると、猫をスーパーの袋に入れ、自転車のかごに乗せた人が橋までやってきて、橋の上から河川敷に袋ごと猫を投げ捨てた。地面に投げられた猫は子猫のようで、袋から飛び出て藪の中に走っていった、ということのようだった。

寝ているホームレスも叩き起こされて、十数人で日が暮れるまで捜索したが、子猫を発見することはできなかった。子猫が入れられていたスーパーの袋は、失禁したのであろう猫のおしっこで濡れ、もがき、あばれた小さな爪のあとや、恐怖で抜けたのであろう、ごっそりと抜けた毛が固まっていた。

日が暮れると、電気のない河川敷は真っ暗になる。何も見えなくなったからと、愛さんが今日の捜索を打ち切ったころに、私は施設に到着した。

ことの成り行きを聞き、「走って逃げたなら、頭や脊髄、腰はやられていない可能性が高いですよね」というと、愛さんは「そうだなぁ、でも、パニック状態なら猫は大けがしていても、瞬間的に逃げるからね」

「う〜〜〜ん」。愛さんと共に黙り込む。

それにしても、スーパーの袋に子猫を入れて、わざわざ橋の上から投げ捨てる？ いったい、どういうことなのだろう。なぜ、河川敷にそのまま放さず、わざわざ橋から投げ落とす。そんな蛮行ができるのか？

命を捨てる——。その行為自体が許しがたいことであるが、それでも橋から投げるなんて。こんなときは、自分の中に湧き上がる、どす黒い怨念との葛藤になる。心の中はそんな卑劣な人への怒りで溢れかえる。私はカウンセリングの現場で、「自分は幼いころから親から無視されたり、ののしられたり、殴られてきた。愛とか幸せとか、温かさなんて人生で一度も感じたことがない」そんな人生を送った人が、動物を虐待したという相談に面することがある。

自分が捨てられたから、自分も誰か弱きものを捨てることで、何かに復讐する、自分を慰める。

そんな感情から動物虐待を起こす人は少なくない。もちろんそんな生い立ちが、動物を虐待する理由になってはならないのだが。

反対に、そんな悲惨な人生だったからこそ、優しさを求め、愛を求め、人生をまっとうにたくましく生き抜く人も、たくさんいることもまた事実である。

許しがたい動物への虐待。命をいたぶり殺す行為。そんなことへのストレートな怒りは当然ある。もしその現場に居合わせたら、きっと私は自分の怒りの感情を抑えきれないのではないか、とも思う。

しかし、暴力に暴力で対抗すると、ますます暴力の連鎖が続いていく。暴力に言い訳はあっても正義はない、と私は思っている。その場で抑え込まれた暴力は、恨みとなり、またどこかでさらに弱いものに向けられることになる。

どんな過酷な状況でも、どんなに絶望的な場面でも、どんなに正当と思える理由があっても、暴力をなくすのに必要なのは、より強い暴力や暴言・制裁ではない。

動物虐待などの蛮行は力や制裁では抑えられない。それらは反対に蛮行の栄養（えさ）になる。

いつの時代でも、どんな状況でも、暴力を平和に変えるのは、「教育（無知を智恵に変えること）」と「不屈の忍耐」と「未熟な者に対する愛情」だと私は信じている。

ある猟奇犯罪で、わが子を殺された母親のコメントに強い衝撃を受けたことがある。

「犯人に死刑を望まない。犯人には幸せになってほしい。愛する人と出会い、結婚し、幸せになってほしい。夫婦の間に子供が生まれ、この家庭を、この愛しい子を守りたいと感じるほど幸せになってほしい。

そのとき初めて、彼が自分がしたことの意味がわかる。彼がやったことが、どんなに残忍で、悪魔の所業だということを。今の彼にはそれが分からない。人を慈しむ気持ちが分からない今の彼は、そのまま死刑になっても意味がない。

彼自身が幸せにならないと、彼自身が守りたい愛おしいものを持たないと、わが子を殺され、引き裂かれた私の気持ちは、彼には分からない。

自分なんて死んでもいい、と思っている人間が死刑になっても、殺された私の子は何ひとつ報われない。彼が幸せにならないと、彼自身がもっとこの人生を生きたいと思わなければ、彼は苦しまないのだから」

すごい！　と思った。壮絶だと思った。この母親はどんなに苦しんでこの答えを導き出したのであろうかと思うと、胸が締め付けられるようだった。

私がこの場で長々とこのような話を書いているのには訳がある。動物保護活動をしている私たちにとって、数々の悲惨な虐待の現場は避けて通れないからである。命をいつくしむ者にとっては、目を覆いたくなるような虐待が溢れているのだ。

しかし、そんな中、やられたらやり返す、虐待した人に暴力・制裁・暴言だけで対応する、怒りのまま相手にぶつける……、それをしていたら事態は拡大の一途を辿る。

とはいえ、虐待の現場の中では、いつもやり返したい自分との葛藤がある。虐待した人間に仕返しをしたい、自分自身の怒りとの対峙。

その人を心底否定し、ののしり、罵声を浴びせたい自分がいる。

もちろん、そうしてもいいのだ。私が選ぶことなのだから。

しかし、相手と同じように〝ほかの命を否定する土俵〟に引きずり込まれたくない、と私は思っている。相手もまたひとつの命なのだから……。


いつもは考えないこんなことを、１匹の子猫の処遇から考えさせられ、学ぶ。

そして、保護活動の真髄を試される。動物を助ければいいだけではない。

虐待する側の人間に関わっていかないと、未来にも動物たちに平和は訪れない。動物を虐待する人に対しての怒りはある。当然あるのだが、怒りに飲み込まれて、ことの動機と解決方法を間違えたくないと私は思うのだ。

動物を虐待する人の支援にもかかわっていく。そんな人と関わりたくないなぁとも思う。しかし、そこがなされないと動物たちの虐待はなくならない。そのような方面からも動物を愛する私たちが、自分にできることを模索していけたらいいと思う。

さて、河川敷には愛さんの〝子猫捜索網〟が発令された。たくさんのホームレスが中腰でガサゴソと藪をかき分け、河川敷をうろつく。ものすっごく不審な光景。あまり一緒に行動したくないなぁ。職務質問されそうだもの。それでも子猫はなかなか見つからなかった。

猫が橋から投げ捨てられた2日後の午後。

「愛さん、捕まえたよ！　俺のテントに入ってきたところを捕まえた！」

施設の大工仕事担当の大島さんから、仕事先の愛さんに連絡が入った。

「おお！　よくやった‼　ありがとう！　ありがとう。あと1時間くらいで施設に戻れるから、それまではケージに入れて、逃げないようにしてくれ」

愛さんが子猫の様子を聞くと、見かけはケガがないようだが、ぶるぶる震えているとのことだった。愛さんからその話を聞いてひと安心。震えているのはしかたない。ビニール袋に入れられて橋から投げられ、見たこともない河川敷に放り出されて、むさくるしい男衆から追い掛け回され、ケージに閉じ込められたのだ。まだ子猫なのに、どんなに怖いことだろう。

内臓の損傷や骨折など大きなケガがないといいのだけれど、と心配しながら急いで施設に行くと、大島さんが駆け寄ってきた。

「大変だよ！　富《とみ》さんが、捕まえた子猫、逃がしちゃったよ！」

「えええーー!?　なんで、なんで？　どうしてそんなことになったのー」

要はいつものことなのだが、余計なことをやる富さんが、一杯ひっかけてから施設の手伝いに来て、子猫に水をあげようとケージを開けたら逃げられた、というのだ。

愛さんが「俺が行くまで誰も触らないように言ってくれ。逃げたら大変だから」そう伝えていたのにもかかわらずだ。

もうもう、本当にダメなのだ。ホームレスさんはみな悪い人ではないのだが、圧倒的にダメなところがある。もうもう本当にダメ過ぎる。

「酒を飲んだら施設に来るな！」って百万回くらい愛さんに言われているのに。

愛さんの、むぉ～～んとした怒りオーラが周辺に漂う。ひぇ～～、怖いよぉ～。

トボトボと肩を落として謝りにきた富さんは、愛さんにぶっ飛ばされ、即座に何十回目かの出入り禁止を言い渡された。

「ああ、かわいそうだ。かわいそうだ。橋から投げられて、追い回されて、捕まって、また追い回されるなんて。まだ子猫なのに。きっと何日もご飯だって食べてないのに」

もう、愛さんは泣きそうである。

「ケガ……、ひどくないといいですけどね」

二人で黙り込みながら、子猫が逃げた施設周辺をゴソゴソと探す。

さらに、施設のあちこちにご飯を置いた。本来なら捕獲器をかけたいところだが、警戒した子猫がさらに数日ご飯が食べられないと、危険な状態になる。数日間動いている、ということはケガの有無はわからないが動ける状態ということ。まずはご飯を食べさせることを優先した。


すると翌日には、ササっーっと隠れる子猫の姿が目のはしに入るようになった。

軒下や木の陰に置いたご飯は、なめたようになくなっていた。毎日ご飯をもらえる施設の子たちは、ここまでお皿をきれいにしないから、あの子に間違いない。

しばらくしたら捕獲器をかけようと話し合った作業のとき、愛さんが口に人差し指を当てて、手招きした。

静かに近寄ると、なんとその子猫が、庭に設置してある衣装ケースで作った猫トイレの中で爆睡していた。

愛さんが慎重にさりげなく近寄る。次の瞬間、素早く子猫を抱き上げケージに入れた。

お見事！　子猫は無事に確保。愛さんはよく犬猫だけでなく、鳩や烏骨鶏なんかも素手で捕まえる。私なんかは殺気丸出しで、じりじり、おっかなびっくり近寄るものだから、かなり早い段階で相手に逃げられる。鳥類なんか全敗である。

「よっぽど、疲れていたんだな」

そのまま病院に直行。触診・超音波・レントゲン・血液検査。驚いたことに、子猫はあごの裂傷と鼻の怪我だけだった。地面にあごをぶつけたのだろうか。エイズ・白血病もなく、あんな捨てられ方をしたのに、やせてはいたが状態は悪くなかった。

抱いても手は出さず反抗しないが、ブルブル、ガタガタと震えている。

「あんなに追い回されたあとだから、落ち着くまで知らん顔しよう」と愛さん。

「そうですね。少し場所に慣れて、落ち着いてから慣らしていきましょう」

早速、愛さん考案の子猫小屋（作成は大島さんだが）には、ふかふかのふとんが敷き詰められ、たくさんのおもちゃと段ボール製の一人部屋も置かれた。子猫小屋自体は４畳半くらいの大きさがあり、そこにいろいろな棚や移動台があり、動線としてはけっこう走り回れる空間である。廃材で作った小屋はボロだが、子猫には十分な広さと高さで、かなり快適に過ごせる場所だと思う。

アビシニアン（猫の品種）を感じさせる柄の子猫は「アビー」と名づけた。小屋に入れると、ささささっと周囲を走り、段ボールの一人部屋に滑り込んだ。我々は見ないふりをして静かに小屋を出る。

アビーはよく食べ、排泄もきちんとトイレで済ませていた。

一人ぼっちで小屋にいるのがかわいそうで、遊んであげたいのだが、まだ人が小屋に入ると段ボールの小部屋に隠れてしまい、遊びにのってくることはなかった。

本当は子猫のうちになるべく人と一緒にいてかまってあげないと、里子に行くのが難しくなってしまう。誰だって里子に迎える子は、怯えて逃げる子猫より、人懐っこくて抱ける子猫のほうがいいのだから。

しかし、仕事を抱える愛さんや私は、施設の作業や動物病院通い、治療の必要な子の手当てや、身体の不自由な子のリハビリで毎日が手いっぱい。子猫のために一緒に過ごしてあげる時間はほんの少しだった。それでも、アビーはだんだんと落ち着き、一人でおもちゃで遊び、段ボールをかじったりして遊んでいた。

◆ロシアンブルー風のペチカ

アビーがあまり人を警戒しなくなったころ、愛さんがまた１匹の子猫を抱えてきた。

「この子、茂みにいたんだ！」

（いた。んじゃなくて、見つけたんでしょう。その頭上の猫探知機で。なんで人生でそうそう子猫を見つけるかな……）

そう思って、愛さんから顔をそむけて、ため息をつくと「なんか、腰が変なんだよ」というではないか。

その子はアビーと同じくらいの大きさで、ロシアンブルーのように見えた。部屋の猫ドアをふさいで床に置くと逃げようとするのだが、腰が砕ける。それに元気もない。

「すぐに病院に行こう。妙玄さん、早く、早く！」

分かってます、行きます。私が見ても事故か何かで重症なのが分かるから、行きますとも。ただね、これから大切な待ち合わせをしていたんですけどね、私は。

そんなこんなで、ドタキャン４回目。さすがに先方に申し訳なさすぎる。動物たちの命を左右するしかたがない状況とはいえ、事情を知らない都会の人が私から「すみません、タヌキを保護して……」「子猫が急に……」「ホームレスが……」とか言われ続けたら、会いたくない言い訳に聞こえるだろうなあ、きっと。

こんなときは、全て次のひと言で済まされる。

「妙玄さん、お坊さんだからしかたないね」

うわっ、やな感じ。施設関係ではしょっちゅうこのひと言で済まされてしまう。

ホームレスさんからも子猫を押し付けられるたびに、「妙玄さん、お坊さんでカウンセラーだから怒らないいんだよね〜」なんだそりゃぁー！（怒怒怒）

愛さんに苦情を訴えても、「妙玄さんの性分だねぇ……」と、性分のひと言で片付けられる。いけない！　このまま「何をしても何を言っても、僧侶でカウンセラーだから、怒らない人」そんなレッテルを貼られてはたまらない。

そんな煩悩《ぼんのう》にまみれた尼僧と、性分と言い放つ愛さんに連れられて、ロシアンブルーもどきの子猫は病院へ直行。レントゲンの結果、横隔膜の損傷と骨盤の骨折が判明。

「先生、虐待でしょうか？」と聞くと、「この状態は典型的な交通事故だと思います。断言はできませんが」との見解だった。施設ではケガをした猫を保護した場合、人為的な行為か否かを追究する。人為的な虐待の場合、警察に連絡したあと、ホームレスさんに張り込みをお願いして、なんとか犯人を見つけないと、また犠牲になる子が出るからだ。

今回はどうやら虐待ではなく、交通事故のようだった。しかし、それが車によるものか、自転車によるものか分からないのだが。

「まだ子猫なので骨盤骨折はそのままでも、日常生活に支障はないくらいに回復してくるとは思います。ですが、それよりも横隔膜の損傷が重症です。すぐに手術をしないと、数日もたないかと思います」

「先生、すぐに手術をお願いします‼」

愛さんは即座にそう言っていた。

こんなとき、ほんとうに愛さんはすごいと思う。私ならまず「すみません、先生。手術代と入院代でお・お・おいくらほどでしょうか？」とビビリながらそう聞いてしまう。

私たちのこのような活動を熟知してくださっているからこそ、先生はさまざまな治療費用を考慮してくださる。そんな先生に金額を尋ねるのは失礼なことなのだが、愛さんの収入のみで日々自転車操業の施設では、「手術・入院」は金銭的に大問題。しかし、愛さんはこんなとき、躊躇しない。どんなときでも「命」を優先する。たとえそれが、ついさっき拾った子であっても。

「うちに来たら、うちの子だ」愛さんはいつもそう言う。

坊主の私のほうが支払いの心配をする。その心配は、社会人としては健全ではあるが、聖職者としては、いかがなものか……。

子猫を病院に預けた帰り、「助かるといいですよね。名前決めてあげましょう。ロシアンブルーみたいだから、コサックちゃんか、マトリョーシカのマトちゃんとか」と提案すると、即座に却下。

「センスないね。女の子だからペチカにする」と愛さん。

愛さんは強面のおじさんなのに、猫のネーミングのセンスが抜群にいい。

「ペチカ！　かわいい！」早く退院して、そのかわいい名前を呼んであげたい。

その後、ペチカの手術が無事終わったと連絡を受け、10日ほど入院。

退院の日、愛さんと迎えに行き、先生から「もう大丈夫ですよ。骨盤の骨折もギブスができない場所ですが、自然とよくなっていくと思います」そんな心強い言葉とともに、びっくり仰天の安価な金額で清算してくださった。

こんなとき本当に人は、いろいろな人の力を借りて生かされているなぁ、と実感する。

愛さんがこの子を見つけ保護し、入院をさせ、またその話を聞いた獣医師が、このような金額で命を助けてくれる。

本当に、物事はやったように返ってくる。〝我《われ》が受け取るものは、我が与えたもののみ〟ここにいるとそんな森羅万象の法則を身近に分かりやすく感じる。

退院してきたペチカは、早速アビーのいる子猫小屋に入れられた。

愛さんは、全ての棚の角をけずり、まだ腰が砕けた状態でうまく歩けないペチカのために、床一面と全ての棚に分厚いふとんを敷き詰めた。「こ、こんなにふとんを敷き詰めたら、ぶかぶかして、かえって足をとられるんじゃあ……」と私は思ったのだが、愛さんは「とにかく不自由なペチカが、足を踏み外して落ちたら大変！」そう言って譲らない。

ペチカは、腰を左右に振って、ときに座り込みながらも床を小走りに走り、ゆっくりながら上下の棚に移動もできた。アビー同様、すぐに空いている段ボールの小部屋に飛び込んだ。

食欲もあり、専用の平たいトイレを用意すると排泄もきちんとトイレでしてくれた。月齢が近いアビーとペチカはすぐに仲良くなって、よく一緒に段ボールの小部屋に入っている。

はじめは私たちを警戒していたペチカだが、ほどなくすると、抱っこしても逃げなくなり、しばらくすると、のどをグルグル鳴らすようになった。嬉しいことにペチカは日を追うごとに、走る姿や上下運動も自然な動きになっていったのである。

ペチカが私たちに近寄り、抱かれるようになると、それを見ていたアビーも、少しずつ私たちに寄ってくるようになった。

「ペーちゃんは、美人さんでかわいいね。もう少しよくなったら、里親さんを探してもらおうね」

「ペーちゃん、ペーちゃん♪」私がそう言いながらペチカをかまっていると、愛さんが、

「ペーちゃんって、なんかピンクの服を着た芸人さんみたいだね」と気に入らないようだった。

◆サビ猫のオイリー

アビーとペチカが私たちに慣れ始めたころ、朝ボラのSさんから愛さんに相談があった。

朝ボラさんとは、愛さんの施設のご近所さんで、早朝、愛さんの施設作業をお手伝いしてくださる主婦三人衆のことである。愛さんは毎朝4時起きで、施設の作業を終えてから、会社に行く。

朝ボラさんたちは、朝の犬との散歩を兼ねて愛さんの施設に来るのだが、なんと、愛さんと周辺のホームレスさんたちの朝ごはんを作ってくださっているのだ！　それは、持病を持つ愛さんのために、和食中心の心尽くしのご飯。愛さんは温かいお味噌汁の朝ご飯を食べて談笑し、笑顔になって出勤するのであった。その恩恵にあずかれるホームレスさんたちも、これには大喜び！

私は緊急事態を除いて朝は施設に行くことはないが、夕方に行って朝ごはんの残りをいただくことが多い。お行儀が悪いのだが、いつも忙しくカフェで原稿を書きながらのご飯や、自宅であわただしく食事をする私には、ありがたい栄養源である。

朝ボラさんたちは、味にうるさく、子供のようにわがままを言う愛さんに辟易《へきえき》しながらも、愛さんの口に合うものを手作りしてくれていた。旬のものを何品も用意してくれる食卓には、愛さんへの愛情と応援とともに、口うるさい愛さんに負けじとする主婦魂を感じる。

そんな愛さんのご飯を作ってくださる主婦三人衆のひとりSさんは、施設の子を何匹ももらってくれていた。Sさんのすごいところは、どんな子か聞かずに、おうちに空きがあればどんな子でも受け入れてくれること。

そんなSさんから、ある極寒の冬に相談を受けた。

「外でエサやりをしている猫の中に、さび模様の子猫が現れたんだけど、ものすごく臆病で寄ってこなから、ご飯をあげられない。雨に濡れて何日もビショビショのままなのよ。この寒空の下、あのままだったら風邪をひいてしまう。捕獲器をかけて捕まえたら、病院で不妊手術をしてもらえないだろうか？　もちろん費用はお支払いするから」ということだった。

愛さんが断るわけがない。しかし、雨が降ったのは3日も前である。いくら子猫とはいえ、もう半年以上くらいの大きさの子が、3日前に濡れたままというのは奇妙である。猫は濡れたら自分でグルーミングするし、いくら冬でも3日前に濡れたままとは？

よく状況がわからないまま、「捕獲器に入った」とSさんから連絡が入り、現場に急行。極寒の中、もこもこの格好をしたSさんが愛犬とともに、布をかぶせた捕獲器の前で私たちの到着を待っていた。

愛さんがちらりと、捕獲器の布を持ち上げたその瞬間、「バッシーーーン‼」爆発したような音とともに、「ジャァーーー‼」という威嚇音。

捕獲器が左右に揺れた。「すごいね。シャァーじゃなくて、ジャァーって言ったね」愛さんが苦笑する。

一瞬しか見えなかったが、子猫はきつく獰猛だった。

私は数日前の雨に濡れたままの状況、というのがたいそう気になり、ことの真相を確かめたく子猫を見たかったのだが、こんなに怖がって攻撃的になっているなら、刺激になることは避ける必要があった。

布をかぶせたままの状態で捕獲器ごと獣医さんへ。

いつものお世話になっている動物病院で、この子を見た先生がひと言「油ですね」。

油？　ああ、雨で濡れていたのではなく、油まみれだったのか。だからいつまでも濡れたようになっていたんだ。

そう、この子はSさんがとある工場地帯で、エサやりをしていた場所に流れてきた子だった。Sさんはそこの工場の人に許可をとって、数匹の猫のエサやりをしていたのだ。他の子は要領よくその周辺に住みつき、ご飯も十分もらっていた。

だが極端に怖がりで、まだ子猫のこの子は、おっかなビックリ、および腰でご飯を食べたり食べなかったりしていたという。

あくまで推測になるが、周囲を気にしてビクビクしながら隠れ隠れしているうちに、どこかに潜り込んで工場の廃油まみれになってしまったのではないだろうか。

しかし、もともとのお顔がシャムのような三角形。正直、一般受けする器量ではない。まして
や、べったりと全身に廃油がついた、サビ猫。

ああ、まるで妖怪みたいだ。女の子ちゃんなのにかわいそう。おまけに、ケージをのぞき込んでいる先生や私たちに「ジャァー、ジャァー‼」と怒り、ケージに体当たりしてくるのだ。

これではシャンプーなんてできやしない。

「う〜ん。お預かりして、軽い鎮静をかけて洗ってみましょうか？　油と違って工場の廃油はきれいに落ちないかもしれませんが。毛を刈ってもいいですか？」その先生のまっとうな言葉に、

「う〜ん、毛を刈ったらしばらく里子にいけないね」と真顔でいう愛さん。

「はぁ〜⁉　何言ってんですか？　毛があってもなくても、もう幼猫くらいに成長したこんなに獰猛な猫が、里子にいけるわけないじゃないですか！」思わず本音が口をつき、

「先生、丸刈りでいいです。こんなきついんじゃ、今後も触れないので、とにかく廃油をできるだけ落としてください！」そうお願いして、帰宅する。

「シャムが入っているんだな、シャムはきついんだ。里子、無理かなぁ……」

まだ、言ってる……。（無理に決まってるじゃん！）と心で突っ込む。

まだ子猫なのにケージを覗いただけで、威嚇の声とともに突進してくる猫と、誰が暮らしてく

れるというのだ。里親会に来る人は誰でも、〝健康で抱っこできる猫〟を求めてくる。それは当然だ。拾ってしまった子ならまだしも、わざわざ里親会でこの子が選ばれるなんて、とうてい思えない。もちろん里子にだすべく、どんな子でも懐かせる努力はするのだが……。

そう考えていると、私が言いたいことが分かったのか、「きついから嫌です！　なんていう人に、うちの子は渡さんぞ‼」と愛さんが言うではないか。

う〜〜む。だから愛さんの施設の子はどんどこ、どんどこ増えるのだ。

愛さんの頭には〝猫探知機〟が内臓され、目には〝猫くらまし〟がかけられている。

猫探知機は高性能で、どんなオフィス街でも、どんな暗闇でも、子猫を見つける。赤外線センサーもついているのか？

また〝猫くらまし〟は、どんなデブな猫も標準体型に見え、どんな性格の悪い猫も個性的ない い子に見え、どんなにキツクて触れない子でも天使に見えるらしい。まあ、端的に言えば、単なる親ばか（猫ばか？）なのだろうけど。

「名前は廃油まみれだったから、オイリーにします」私がそう言うと「お！　いいじゃないか。妙玄さんにしてはいいセンスだね」私の命名が珍しく採用された。

オイリーが帰ってきたのは、それから5日後だった。どうにも廃油がとれず、何度も洗ってく

だのだ。「なんだか、あまりきれいにならなくてすみません」とスタッフの女の子に申し訳なさそうに言われ、こちらが恐縮。

オイリーを見ると、黒と茶、こげ茶というようなサビ模様に加え、なるべく毛を残そうとしてくれた格闘の跡が見て取れた。毛は全体的にボソボソで、ところどころに申し訳ない程度の毛がちょろちょろと残っていた。

なんか、妖怪度がアップしたように見えた。さらに、相変わらず全身で怒りを表しながら、威嚇の声とともにケージに突進している。

そんなオイリーを見て、さすがの愛さんも「里子は無理だなぁ……」。

オイリーは小柄な体が締まっていて、見かけ同様とてもすばしっこかった。とにかく、オイリーの移動は特に気をつかった。この子に逃げられたら、もう捕まらないだろうから。

偶然なのだが、オイリーもアビー、ペチカと同じ月齢くらいの女の子。アビーとペチカがいる子猫小屋にオイリーを入れた。人にはキツイ子も、猫同士ではうまくやる子は多い。果たして、おとなしいアビーとペチカは大丈夫だろうか？　しかし、そんな心配は無用だった。女子三匹はすぐに仲良くなり、よく三匹で寄り添って過ごしていた。

おもちゃが汚れ、壊れる頻度も多くなり、壁の断熱材代わりの発砲スチロールは、かっこうの爪とぎにされ、その元気な破壊力は愛さんを喜ばせた。

橋から投げ捨てられたアビー。大事故で重傷だったペチカ。廃油まみれのオイリー。三匹は悲惨な状態でいたのだが、愛さんに保護され、手厚い治療や世話を受け、たくさんご飯を食べ、よく遊び、三匹仲良く暮らし始めた。

「アビーとペチカとオイリーと」

アビーは元気で大きくなり、ペチカももう骨盤を骨折していたのが分からないほど、普通に上下の縦運動もこなしていた。二匹ともかなり大きくなったから、そろそろ避妊をして、里親会に出さないと、なんて話が出たころ、「オイリーは今、果たしてどのくらいのサイズなんだろうか?」と首をかしげる。愛さんと私の共通の謎であった。

アビーやペチカは、寄ってはこないが触らせたり、抱っこはさせてくれた。しかし、オイリーはまったく人に慣れず、人の気配がしただけで素早く隠れてしまうので、愛さんも私も、走り去るオイリーの残像しか見ていないのである。その上、隠れた場所からいつもシャァーシャァーと怒っていた。

「どのくらい大きくなったんだろうね?　ひと回りくらいかなぁ?」

「なんか身体は少し大きくなったけど、顔のサイズは小さいままみたいですね」

お互い推測でものを言う。そして、オイリーだけはトイレで排泄をせず、ふとんの上におしっこもうんちもしてしまうので、毎回毎回、掃除が大変だった。

おぶちゅで、毛がボソボソで、人が大嫌いで、攻撃的で、さらにトイレができない。オイリーはもう施設の子に決定だ。しかし、まだ幼猫のオイリーはこれから先20年近く生きるかもしれない。そんな猫は、高齢の愛さんより長生きする可能性が高い。本当はなんとか里子に出したかったのである。


しばらくして、いつも子猫の里親探しを引き受けてくださっているマリアMさんが、アビーとペチカを一目見るなり、「あら～、こんな特徴のある子たちなら大丈夫。すぐに決まるわよ！」と、彼女らを里親会に出すべく預かってくださった。

猫小屋に一人になったオイリーは、おとなしい黒♂と一緒のシェルターに移した。シェルターのほうが今までの子猫小屋より断然広く、木や草がある土の運動場もあり、室内も高く広い。

本当はおうちの子にしてあげたかったけど、しばらくはここで我慢してもらうしかない。

それからすぐに、Mさんから「アビーとペチカの里親さんが見つかった」と連絡がきた。こんなに早く里親さんが決まるなんて、さすがマリアさまだ！

アビーは先住猫さんともうまくやれたようで、30代のご夫婦の家に行き、ペチカは大事にしていた1匹飼いの先住猫が18歳でなくなったという50代のご夫婦の一軒家に行ったという。ふたりともなんて理想的な環境のおうちにいけたのだろう。

大喜びする私と反対に愛さんは複雑なようだった。

「アビーは元気だし、性格も弱くないから心配してないけど、ペチカは腰が悪いんだし、臆病なんだから、里親さんには、これから他の猫を飼ってもらっては困る。ペチカ1匹をかわいがってくれないと。それに、ペチカが移動するところの角は削ってもらって、もし落ちた時のために、床にはふとんを敷き詰めてもらって……」

聞こえないふりをして聞き流す。はじめの条件がこれだけいいところなのだ、それはきっと、愛さんや私、Mさんの愛情が引き寄せたご縁だと思う。

だから、それから先の人生は「飼い主さんとこの子たち」が作り上げていくことで、もう私たちの出番はない。でもきっと、大丈夫。この子たちは一生大切にされ、天に帰るときは号泣してもらえる。そんな確信があった。

そして、オイリーは施設移転のときに連れていくことになる。オイリーは、家庭の子にはなれなかったけれど、移転先の広い敷地で自由に過ごす一生を送るだろう。それもまた、彼女のような猫にとってはベストな人生なのだと思う。

「橋から投げ捨てられたアビー」「交通事故で重傷だったペチカ」「廃油まみれだったオイリー」

この三匹は、おのおのがベストな環境を引き寄せた強運な子猫たちである。

第7話

犬ならジャイコ

ジャイコ

ジャイコは体重が7〜8キロのメスのMIX犬。手足が長く、やせてヒョロリとした体型はいかにもすばしっこそう。短毛のせいか、極端に臆病な性格のせいなのか、いつもプルプル震えている。人に触わられるのを好まず、どんなにかわいがられても、どこかで心を開ききれない。そんな印象の犬だった。

ジャイコは、愛さんが今までに保護した数百頭の犬の中で、唯一自分の愛犬にしたという犬である。施設には常に数十頭の犬がいたが、愛さんはどんな凶暴な子でも、懐かない犬でも平等にかわいがった。

ジャイコはそんな博愛主義(境なく広く愛する)の愛さんに「犬ならジャイコ」と言わしめた、保護施設の中で唯一愛さんの飼い犬になった犬である。

そんな愛さんに溺愛され、施設でもちやほやとかわいがられているのに、ジャイコはいつも眉間にしわを寄せ、不幸そうな顔で、歩き方も肩を落として、トボトボ、トボトボ……。

道行く人からはよく「あのぅ……、おやつ、あげてもいいですか?」などと声をかけられる。やせていて、とぼとぼ歩く不幸そうなMIX犬。犬好きの人なら「かわいがられていないのかしら？　お腹はすいてないのかしら？」そんな気持ちになるのだろう。

ジャイコはよくおやつをいただくのだが、食べないのだ。

この子は本当に食が細く、とにかくご飯もおやつも、ほとんど食べない。まるで霞を食べているかの如くである。そんなふうなので、うんちも細い。愛さんの施設では、食欲旺盛な猫たちのほうが太くて立派なうんちをする。


ここでは犬よりも猫のほうが強く、よく犬たちは棚の上で待ち伏せする猫に、すれ違いざまに、頭をひっぱたかれたりしていた。同じく保護犬ＭＩＸのベル（中型の♂）などは、しょっちゅう、大きいピース（猫）や意地悪ちっち（猫）に上から頭をひっぱたかれ「バウバウ‼」「ワウワウ！」と怒りの声をあげていたが、ジャイコはというと、猫にやられると、スゴスゴ部屋の隅に行っていじけていた。

愛さんが座ると、あっという間に特等席のひざ、ひざ近く、右側、左側と猫たちに取り囲まれる。愛さんに近づきたいのに近づけないジャイコは、スゴスゴと部屋の端にうずくまり、ふぅ……、と小さくため息をつく。このあたりが、子犬の頃から大事に育てられ自己主張が強い純血犬と、元野良の違いであると私は感じている。元野良の犬は、みな思慮深いのだ。

対して、猫はこの現象が反対のような気がしている。

猫の場合、元野良で慣れてくる猫は、ご飯のときも自分の居場所を確保するときも、大声を出しぐいぐいと割り込み、我先に自己主張するのに対して、そんな輪の中に入ると、いつもはわがままなおうちの子はおとなしく一歩引いてしまう。そんな光景をよく見るのだ。

犬に関していうと、なぜ野良出身の犬たちが遠慮深いのか謎である。謎ではあるが、問題行動のある子は別として、元野良で自己主張が強くわがままという犬に私は会ったことがなかった。

短毛でやせているジャイコは寒がりで、肌寒くなると震え始める。朝ボラのSさんが、そんなジャイコにいろいろと洋服を買ってきてくれる。極彩色のスパンコールがついたドレス風のものや、大きなお花や真っ赤なリボンがついたものと、どれも高価そうなものばかり。

だが、どうにも似合わないのだ。

やせて不幸顔の茶色の犬が、カラフルな洋服を着ると、なんというか……。

不幸度が際立つような感じ、というのだろうか。真っ赤な服を着て、おしりにおっきなリボンとフリルがついたジャイコを見て、固まる愛さん。「これ着せたまま、俺が散歩に行くの?」

そうね……、愛さんは高齢の強面のおじさんで、いつも長靴をはいている。そんなおじさんが、まっ赤なリボンやフリルのついた不幸顔の中型犬を……。なんともシュールな光景である。

愛さんが恐る恐る、

「あーーー、Sさん、えーーーと、ジャイコはもっとシンプルで飾りのない服のほうが似合うと思うんだけど……」そう控えめに訴えるも、Sさんは女子のジャイコにかわいい服を着せたいらしく、雨合羽もちょうどジャイコの顔のところに、大きなカエルの顔がついたキュートなものを買ってくれた。

食も細いからなんとか食べさせようと、おやつもどんどん高級になる。ちやほやされる衣装持ちなのに不幸顔で、17歳になっても、超・ビビリは変わらず。

そんなジャイコは、とにかく愛さんのことが大好きで、大好きで大好きで。

愛さんの毎日の帰宅時もそうなのだが、出張に行くと、帰宅するまで何日もご飯も食べずに、ひたすらに玄関を見続け、お父さんを待っている。「もう、帰るかな？　もう、帰るかな？」犬には理解できない、長い長い時間。ジャイコはそんな長い時間を、一瞬一瞬積み重ねて、いつもお父さんを待ち続けていた。

ただ、ひたすらに、愛さんを求め、愛さんの帰宅を待ち続けた17年。そんなジャイコからは、いつもこんな言葉が飛び出してきた。

「お父さんがお金持ちでも、たとえ貧乏になっても、病気になってお散歩に連れ出してくれなくなっても、それでも、お父さんがいい。お父さんのそばにいられれば、それだけで幸せ」

これは、そんな愛さんの犬・忠犬ジャイコの物語である。

現在のジャイコは17歳なので、もう16年くらい前のこと。

やせた、まだ幼い雑種の犬が倉庫街をうろついている。地域の人からそんな通報が入り、愛さんがすぐさま保護に向かった。

どうやらまだ成犬になっていないその犬は、猫の置きエサを食べながら、倉庫街に住みついているらしかった。周辺の住人や子供たちも、なんやかんやと食べ物をあげていたという。愛さんと協力者たちが捕獲に繰り出すも、その子は極端に用心深く、怖がりで、捕獲器のご飯は食べようとしない。

しばらく普通にご飯をあげて、慣れさせる作戦も効果がでなかった。通常、犬であれば、たいていはだんだんと人との距離が縮まるのだが、どんなに辛抱強く接しても、その犬との距離は縮まらなかった。その犬は近所の子供たちの間でも有名らしく、ある日少女から、「その犬の名前、ジャイコっていうのよ」と愛さんは聞かされたという。

どうも、ドラえもんのジャイアンの妹（乱暴者）からとった名前らしいが、超・ビビリのこの子には、正直似つかわしくない名前。

だが、愛さんたちもいつの間にかその子を「ジャイコ」と呼ぶようになっていた。周囲の協力を得て、ジャイコは一度捕獲されているのだが、メディカルチェックを受けに病院に行った帰りに、ケージからスルリと逃げられ、その後なんと3年半も捕まらなかった！　といういわば、生粋のノラ気質。

愛さんは辛抱強く、ジャイコのもとに通い、3年半かけてジャイコを捕まえたのである。

その後、ジャイコは愛さんにだけ心を許し、愛さんだけの呼びかけに応じ、愛さんだけに身体を触らせ、いつも愛さんの帰宅を待つ忠犬になっていった。

ジャイコは細くてしなやかな体型をしているせいか、性格なのか分からないのだが、とにかく脱走の名人だった。

愛さんが会社に行くときには、犬舎に入れないと、どこまでも追いかけて行ってしまう。しかし、犬舎に入れるとき、どこかにつなぐとき、いろいろな場面で、スルリ、スルリとジャイコは脱走した。また、脱走だけでなく、リードを食いちぎるのも名人で、買ったばかりのリードも、ほんの少しよそ見をしている間に見事に、食いちぎられて脱走された。

ジャイコは脱走するたびに、道路を渡って、駅の改札で愛さんを待っていた。

少しでも近いところで、一瞬でも早く会える場所で、お父さんを待っていたかったのだろう。

そんなジャイコは近所でも忠犬として有名だった。

駅員さんたちもジャイコがくると、黙ってお父さんを待たせてくれたという。


私がジャイコと会ったのは、ジャイコが12歳のとき。周囲の人は臆病なジャイコにかなり気をつかっていたが、私はかまわずジャイコと関わっていった。

ジャイコは愛さん以外の人に触られたり、抱き上げられると、「ギャギャー、ギャァァー‼」殺されそうな悲鳴をあげる。そんなふうなので、誰もジャイコに触われなかったのだ。

私が施設に関わったころの愛さんは、長年の無理がたたったのか、重篤な持病をいくつも抱えていて、ひんぱんに発作に見舞われていた。

ひとたび発作が起こると数日間は、まばたきもできないほどの激しい頭痛に襲われ、左半身が麻痺し、杖をついての生活になる。さらに左目に視力がなく、愛さんは運転ができない。

そんな体調の愛さんを私はよく、車で送り迎えをしていた。

さて、私にも触らせなかったジャイコだが、このときになると、（まてよ、この坊さんの車が来ると、お父さんも帰ってくる）そう学習したのか、私が（正確には私の車が）施設に来るのを待つようになり、だんだんと私にも心を許すようになっていった。

そのうち、愛さんを迎えに行くときに、ジャイコを車に乗せて一緒に行くようになったのだが、ジャイコは思いのほか車が大好きで、私が行くとスルリと車に乗り込んで、助手席で、もじもじワクワク♪している。お父さんを迎えに行った帰りは、大好きなお父さんに抱かれて、大好きな車に乗れるのだ。それも運転手付き。

そのころから私が施設に行くと、歓喜の雄叫びを上げ、身をよじって大げさに喜んだ。もちろん、私を歓迎してではないのだけれど……。

そうこうしているうちに、ジャイコはどんどんと私との距離を縮めていった。

愛さんの施設にはよく周辺に住むホームレスさんが出入りしているのだが、この方たちは、本当にしょっちゅうトラブルを起こす。そのたびに、愛さんの怒声が響く。そんなとき、ジャイコはよく相手のホームレスさんに噛みついていた。

また、愛さんが体調を崩して寝込んでいると、ご飯も食べずに、心配そうにそばに張り付き、ちょいちょいと前足で愛さんの身体に触れていた。

猫のにじおなども愛さんの後追いをしていたが、ジャイコの場合は後追いというより、まるでストーカーのようだった。人間の女性だったら、かなりややこしいタイプである。毎日、改札でじーーっと待っている。見境なくケンカの加勢に加わる。寝込んでいると、ずーーっと、かたわらに寄り添って、身体をゆする……。おお、怖い。

人間だと怖いのに犬ならば、けな気だと思ってしまうのはなぜなのだろうか？

このとき施設には、ジャイコと月齢が同じくらいのベルがいた。ベル♂とジャイコ♀は仲良しで、いつも二人で寄り添って過ごしていた。

そんな平和な時期は短く、愛さんの持病が悪化し、さらに深刻な病になった。

肺にがんができたのである。しかし、愛さんは麻酔ができない特異体質。麻酔をかけると心臓発作を起こすのだ。肺にがんができても、手術ができない。

ちなみにそんな愛さんは、虫歯の治療や抜歯なども無麻酔。両手足を縛られて、歯の治療を受けるのだ。まるで中世の拷問のようである。


このときにはまだ、１００匹以上の猫を抱えた施設は、愛さんの生死に関わる重病という大ピンチを迎えた。いや、大ピンチを迎えたのは、施設ではなくボラに関わっている私であった。１か月の施設維持費が、かなり猫の数が減ったこのときでも50～70万。そんな金額が私に捻出できるはずもない。もちろん、お金のことは最重要事項なのだが、私はそれよりも、今まで自分の人生の全てをかけて、たくさんの動物たちを救済してきた愛さんが、このまま自身が幸せにならずに、人生を終えるのは納得がいかなかった。

しかし自分自身を救済する、これは動物保護・愛護活動の現場ではかなり難易度が高い。ある種、捨て身でないと、代表として動物の保護活動に従事するのが難しいことも、また現実である。

そんな八方塞がりの愛さんの状況だったが、実は私は意外と楽観的に考えていた。今までに学んできた分子矯正栄養学の分野では、がんが治った実例をたくさん聞いていたからだ。

もちろん、がんの進行度、種類、部位、環境、メンタルとさまざまな要因によるのだし、私は医師ではないので、人様に私が学んだ学問を勧めたこともない。

ただ、愛さんの場合はとにかく打つ手がなかったので、私が勉強してきた方法でやるしかなかった。それは食事や生活習慣の改善から始まり、睡眠や休息の確保。徹底的な身体の保温。ビタミン・ミネラルの充実。リラクゼーション。マッサージ。気功。そして、カウンセリングという地味で、健康にとって当たり前のことに過ぎない。だが、現代人はこれらの常軌を逸して病気になることが多いのではないだろうか。

さらに、さまざまなことをこれまた私が勉強している陰陽五行・算命学から導き出し、それらに照らし合わせながら物ごとを進めていった。

愛さんは、糖尿病と肺がん、狭心症の他、重篤な持病を抱えながらも、施設維持のために毎朝4時起きで、施設の作業を終えてから仕事に行く。そんな荒行といえる毎日を続けていたのだ。多くの犬猫を抱える愛さんの施設では、収入を得るために愛さんの身体が犠牲になっていた。そんな愛さんのライフスタイルの中で、私は自分が学んできた知識を最大限に使い、できる限りのことを手伝わせてもらった。

もちろん、不安がないわけではなかったが、この状態で不安を感じても、事態は好転しないので、今まで学んできたことと、私自身の人生を信じることに専念した。


そんな愛さんの主治医は東洋医学の台湾人の先生である。ものすごくいい先生で、患者のために世界中を奔走し、心を砕き、何事も心底親身になってくださる。本来の医師はこうあるもの、という気骨を感じさせてくれる医師なのだ。愛さんは絶体絶命のピンチを何度もこの先生に救われた。そんな先生の医療グループの拠点は香港にあり、陰陽五行に基づく東洋医学の歴史から算命学も重んじ、香港の「算命師」の先生が、新薬の投薬開始の日、手術の日などの算出をしていた。

こう書くとなんだか怪しい感じだが、結婚式や入籍、お葬式などは、ほとんどの人が日にちや方角を気にするのと同じことだ。

このような医療の日にちは、事故などの緊急を要する事態以外では日にちを選べるものなので、どうせなら「良き日」を選ぼうということである。

私も学んでいるこの算命学は中国・台湾・香港では、日常的でポピュラーなものだが、日本ではあまり学ぶ人がいない。なのに……、この偶然はなんなのだろうか？　私もまた算命師なのであるが、ありがたいことに、香港の算命師の先生は王道を行く先生で、愛さんの入院や新薬試飲の日なども、私が算出する日とほぼ同じだった。

愛さんの症状は日に日に深刻になっていく、そんなある日、愛さんの主治医の先生から連絡があった。

香港の算命の先生から「僧侶が病気の半分を治し、そばにいる犬が病気の半分を受けるでしょう」と予言を受けた、というではないか！

この予言に対し、いろいろと聞き返したのだが、主治医の先生も「その言葉以上のことは分からない」という返答だった。

犬とはジャイコのことだろうか？　それしか考えられない。

私とジャイコが半分ずつ治すなら、愛さんは助かる、ということだろうか？

ことの真偽・真意は分からなかったが、その頼もしい予言にものすごく気持ちが楽になる。

しかし、犬が病気の半分を「受ける」という言葉がひっかかった。

日常でできる地味な治療を続け始めてからほどなくして、高血糖昏睡で救急車で搬送されたほど深刻だった愛さんの血糖値が、ほぼ正常になった。糖尿病が治ったのである。血糖値が正常になったということは、かなりの期待がもてるし、いざというときに治療の選択肢が広がるということを示していた。「いける！」私がそう思った直後、今度はジャイコがぐったりし始めた。あわてて病院に行くと、なんと！　横隔膜に損傷があり、腸内に大きな異物があるから緊急手術が必要というではないか！　それも大手術であり、助かるかは五分五分であると告げられた。

これには、愛さんとともにオロオロと狼狽した。

一体、なんでそんなことに？　香港の算命師の先生の予言が頭に響く。

ジャイコは愛さんを助けるために死ぬのだろうか？　いや、そんなことになっても飼い主が喜ぶはずがない。愛犬の命と引き換えに助かっても、愛さんは救われないではないか……。

ジャイコの手術の間中、愛さんのほうが死んでしまうんじゃないか……、というくらい愛さんは悲痛な表情で、病院からの連絡を待った。

そして、手術は無事成功。病院に飛んで行くと、横隔膜の手術とは別に、腸に突き刺さっていたという異物を見せてもらった。

「な、な、なにこれーー⁉」

思わず声をあげてしまったくらい驚いた！

それは、長さが8センチの先が鋭く割れた水道管（塩化ビニール管）だったのだ。当時のジャイコは体重が7～8キロ。中型犬ほどの体高があるジャイコはかなりやせている。この犬の腸にそんなに大きな消化できないようなものが入っていたとは。なぜ？

ましてや、ジャイコは極端に食が細く、ほとんどご飯もおやつも食べないのだ。それに、おもちゃやガムなどを噛む習慣もなかったのである。

それより、こんなに硬くて長くて大きな異物を、一体どうやって飲み込めるのか？

この異物はいまだに最大の謎なのだが、横隔膜がなぜ損傷したのかも、結局謎のままだった。

とにかく、ジャイコはお父さんのもとに生きて帰ってきた。分かりやすい現実は、そのことだけだった。

それから2週間ほどたったある日。なんと！　なんと！　今度は、施設からジャイコが誘拐されたのである‼

当時、外の犬小屋には、ベルとジャイコの2頭が入っていた。

愛さんが出張で不在のときに、この犬小屋の鉄網がペンチのようなもので切られ、こじ開けられ、ジャイコだけ連れ去られたのだ。

知らせを受けて施設に急行すると、すでに愛さんも出張先から戻ってきていた。

愛さんの不在を知り、犯人は深夜、暗闇に紛れて施設に侵入し、ジャイコを連れ去ったのだが、実は目撃者がいたのである。

周辺のホームレスさんは時間があるのと、周囲の不審人物には敏感で、怪しい人間の目撃率はかなり高い。さらに細かい仕事をしないからか、みな目が良く、ホームレスの情報網はあなどれないのだ。

犯人は愛さんが知っている人物だった。

この時、いろいろなトラブルがあって、愛さんへの最高の嫌がらせとして、ジャイコを誘拐したのだ。犯人は2週間前にジャイコが生死に関わる大手術をしたのを知っているのに……。

この時の愛さんは、頭から怒りのオーラが湧き上がっているのが見えるようだった。相手には相手の言い分があるのだろうが、大手術をしたばかりの自分の犬や猫が、知り合いに誘拐されたら……。怒髪天を衝《つ》くとは、まさにこのことだろう。

ジャイコはどこかに預けられたらしく、数週間たっても取り戻せない日々が続いた。いきなり誘拐され、おそらくご飯も食べていないだろうジャイコを思うと、無事戻れるのか胃が痛む。それにジャイコは脱走の名人なのだ。もし脱走したら見知らぬ土地で、迷子になったり、事故に遭うかもしれない。この状況は肺がんのためさまざまな治療をしている愛さんの身体に、致命的なストレスを与えた。せっかく血糖値が下がっていい方向に向いているのに……。

体を緊張させ免疫を下げる、がん細胞はこのようなマイナスのストレスが大好物なのだ。

この後のすったもんだは長く悪夢のようだったが、ある日、突然ジャイコが帰ってきた！

いろいろと尽くしてきた手もなかなか功を奏さず、疲れ切った愛さんがふらりと遊歩道に出たとき、遥か前方から1頭の犬が全速力で、愛さん目がけて走ってくるではないか！

「ジャイコォーーーー‼」愛さんの絶叫が青空に吸い込まれる。ジャイコは解放されたのだ。

胸に飛び込んできたジャイコを抱きしめ、愛さんは人目もはばからずに、大声をあげて号泣した。

このとき、私はふたつのことを同時に感じた。

ひとつは、「これで愛さんの肺がんが治る」と思ったこと。

もうひとつは、「香港の算命の先生の予言は、こういうことだったのか」ということである。

なんで、この状況で私がそう思ったかというと……、医学で理屈を証明できるものではないが、がん患者が〝ある爆発的に感動的な体験をし、己の魂を揺るがすほどの号泣をしたら、がん細胞が消滅した〟という実例の数々を知っていたから。

愛さんはこの爆発的な生への歓喜を得たことによって、自らがんを克服したのだろう。それからほどなくして愛さんの肺がんがレントゲンで見受けられなくなった、腫瘍マーカーもこの数値なら大丈夫でしょうと、香港にいる主治医から連絡がきたのである。

それは、それまで積み重ねてきた食事や生活習慣の改善など、多くの努力のベースがあったからこそであろうが、ともあれ、愛さんの肺がんがなくなったのは現実だった。


「僧侶が病気の半分を治し、そばにいる犬が病気の半分を受けるでしょう」

図らずしも、その通り。中国4千年の歴史……、すご過ぎる……。


こう書くと何やら壮大なスピリチュアルのようだが、ペットのご供養やカウンセリングの現場では、このような「愛犬・愛猫との奇跡体験」は、ごまんと聞く。もはやそれらは奇跡でもなんでもなく、ただの「私とこの子との魂の絆」の証明に過ぎない。

自分の犬や猫を愛する私たちの深い愛情、抱えきれない思い、そしてお父さんやお母さんが大好きな犬や猫たちの一途な思い。

ここに「魂の絆」というパイプができないわけがないではないか。

一人の飼い主とペットの数だけ、いやその何倍もの奇跡体験が起こっているもの。

まぁ、多くの方が「気のせいかもしれませんが……」「ただの偶然だと思いますが……」「思い込みかもしれないので、誰にも言っていないんですが……」と、その不思議体験に注釈をつけるのがもったいないと思うのだが。

多かれ少なかれ、みなさん奇跡体験を持ってらっしゃる。

私たち犬猫（またはペット全般）を愛する者たちと、犬猫たちの世界には、不思議と感動とミラクルに満ちている。この子との出会いからして、仏縁は始まっているのだから。

よくこんなときに「うちの子は私の犠牲になったのでしょうか？」そんな受け止め方をする方がいらっしゃるが、私はそうではないと思っている。愛する相手を自分の身を挺《てい》しても助けたい、そんな思いは、飼い主側、ペット側、双方が同じに持っているものではないだろうか。犠牲ではなく、相手を思う深き愛情が時として、このように具現化するのではないかと、私は思っている。

私たちがうちの子を守りたいと思うように、ペットたちもまた、大好きな飼い主を守りたいと思っていても不思議ではないではないか。

愛さんとジャイコの奇跡体験も、そんな物語の中のひとつに過ぎない。


相変わらず狭心症と持病はあるが、愛さんの糖尿病・肺がんが治り、まずは命の危機は乗り越えられた。

それからしばらく平和な日々が続いた。……と書きたいところだが、毎日、ホームレスさんが警察沙汰になるようなイザコザを持ち込んでくるのは、ここでは相変わらずの日常茶飯事。

翌年、ベルが亡くなった。16歳。いい人生だったと思う。（詳細は「施設の犬たち」の項目）

その翌年には、愛さんはダックスと小型ＭＩＸのやせた犬を保護し、しばらく施設は保護した若犬2頭とジャイコの3頭になった。

夏に保護したので、愛さんが「花火とうちわ」と命名。相変わらずの命名センスの良さだ。

この2頭は若く、元気いっぱいで、食欲も旺盛。老齢のジャイコには、ありがたくない同居犬であった。ジャイコはもともとおとなしい上に、もう17歳。なのに、若犬2頭は体力を持て余し、1日中吠えながら施設を走り回っている始末。ジャイコが本格的にいじけかけた頃、花火とうちわは、私の原作を漫画にしてくださっている漫画家のオノユウリさんが里親さんになってくださった。

オノさんは2頭の名前はそのままにして「花ちゃん」「ウッチー」と犬たちを呼び、本当にかわいがってくださっている。花火とうちわは先住のチワワさんたちとともに、オノさんのおうちの子になった。

愛さんがこの地で犬猫の保護を始めてから、施設にはいつでも、たくさんの犬たちがいた。みんな、噛みつく、そそうする、引っ越しで飼えなくなった、吠えるからと、さまざまな理由で捨てられた数百の犬たち。そんなたくさんの保護犬の中から、唯一、「犬ならジャイコ」と愛さんはジャイコだけを自分の犬にした。

たくさんの犬猫や動物たちを救済してきた愛さんも、もう70に手が届く。もともと持病や重篤な病気を持っていた。加齢による体力の衰えも顕著だ。

「もう、犬は保護してあげられないな……」

ポツリとかたわらのジャイコをなでながら、愛さんがつぶやいた。

「そうですね……」

愛さんのような個人の施設では、体力的にも経済的にもこの先、犬を保護するのは困難なのが現実である。

施設の最後の犬は、愛さんのジャイコだけになった。

このころジャイコは17歳半くらいになっていたが、不思議と加齢による変化が穏やかで、白毛や白内障は少しあるものの、ほとんどいつもと変わりがないように見えた。この年齢で普通に走っていたのである。

そんなジャイコを、愛さんは毎日、会社に連れて行った。高齢のジャイコに少しでも、お父さんを独占させてあげたかったのだ。

そんなジャイコが突然、歩くときに足をひっかけるようになった。

はじめは、年も年だからしかたがないと考え、小屋のほんの少しの段差もなくし、ジャイコが出入りしていた猫ドアも、かがまなくてもいいように大きくくり抜かれた。

しかし、その翌日にはもうジャイコがよろけ始めたので、病院に急行。

外傷もなく、レントゲンに腫瘍なども写らないので、考えられる治療をしていただいて様子を見ることにした。

しかし、すぐにジャイコの足がむくんで、内出血が始まった。ジャイコの足は壊死が始まり、立てなくなり、病状は驚くくらい早い速度で進行していった。


愛さんも私も、朝のボランティアさんたちも、みなジャイコの命がもう長くないことを受け入れざるを得なかった。

しかし、不思議なことに、本当にこれは不思議なのだが、ジャイコが急変するまで、誰一人として、ジャイコが死ぬと思っていなかったのだ。

愛さんをはじめとして、それぞれが犬に対して知識があったし、ましてや私はドックライターだったのである。

中型犬のサイズの犬が17歳半で元気であれば、十分奇跡的なことである。なのに私たちは誰もがこのとき「いずれ何年かして、もっといいところに施設が移転できたら、ジャイコはずっとお父さんと一緒だねぇ。早くそんな日がくればいいねぇ」と朝ボラさんが言えば、「何年かしたら、私のうちをジャイコ仕様に改造して、愛さんが仕事の間、うちで預かりますから！」と私。みなが、17歳半の中型犬の未来の生活設計を立てていたのである。誰一人として、ジャイコの寿命、そんな現実に気づいていなかった。

ジャイコが末期になったときも、まるでみなキツネにつままれたようで、ピンとこない。「ジャイコはこの先も変わらず元気」と心から本気で思っていたのだ。愛さんまでも……。

これは今考えても不思議な現象で、説明がつかない。

そんなジャイコはみるみる弱り、たまに苦しげな悲鳴をあげた。

「ジャイコ、頑張らなくていいからな。早く逝け。頑張るな……」

愛さんはそう言いながら、ジャイコをなで続けていた。

そんなとき、私とジャイコが二人きりになった。

ふかふかのふとんの上で、大きく目を見開き、私をみながらジャイコはブルブルと震えていた。

ジャイコのそばに静かに近づき、顔をよせて聞いてみた。

「ジャイコ……、どうしたの？　何がそんなに怖いの？」

このときは不思議と、病気のせいで震えているとは思わなかったのだ。

（お父さんと離れそうで、怖い……）

そんなふうにジャイコが言っている気がした。

私はそっとジャイコの顔を両手で包み、

「そうだね。怖いよね。なんだか分からない感覚だもんね。ジャイコ、大丈夫だよ。これからは、いつもどんなときでも、お父さんと一緒にいられるんだよ。身体がなくなったら、いつでもお父さんのそばにいられるから、大丈夫だよ。大丈夫、ジャイコ。もっと、もっと、これからずっーーと、お父さんといられるからね」

顔を近づけて、繰り返しそう言うと、ジャイコの大きく見開いた目が潤んだ。

「ジャイコ……。大丈夫だよ。しゃもん兄ちゃんが迎えに来るからね。大丈夫だよ」

私はさらに、ジャイコにそう伝えた。

ちなみに、「しゃもん」とは私の亡き愛犬（ハスキー・♂）である。

ジャイコの末期、彼女が怖がらないように、亡きしゃもんに「しゃもん、頼むね。ジャイコのこと、頼むね」そう観法《かんぼう》していた。

私のしゃもんが、ジャイコの彼岸の案内役になってくれる。そのイメージと考えは、ずいぶんと私の気持ちの支えになってくれていた。

このようなとき、あまりことの真偽にこだわらなくていいと私は思っている。

自分が信じたことでいい。自分が祈りたいイメージでいいのだ。

いつでも、一番大切なものは目に見えないのだから。

祈りとは、自分の思いを天に届けることであり、それが供養の真髄でもあるのだ。

朝4時、愛さんからの電話が鳴る。

「ジャイコ、今、逝きましたぁー！　ありがとうございましたーー！」

号泣と絶叫とともに、電話が切れた。

愛さんに抱かれたまま、ジャイコは逝った。天からもらった宝物は、天に返す日が来る。

天寿満願

具合が悪くなってから2週間。あっという間の出来事だった。

ジャイコはお父さんの負担にならないよう、そしてお父さんに看護の時間を少し与えるように絶妙なタイミングで逝った。

私のまわりではこの絶妙なタイミングで逝く、そんな犬猫ばかりだ。もう奇跡とも思わない。ただ、ただ、相手を思う愛情の結果であろう。そんな奇跡は、生物の種を超えて、ときには常識をもくつがえす。何百頭といた愛さんの施設の最後の犬は、愛さんの犬だった。

施設では、亡くなった子のお墓に、愛さんがその子の名前を書いたレンガを置く。ジャイコのお墓には、私がレンガにジャイコの顔を書いて、ジャイコが大好きだった言葉を入れた。

「お父さん、お帰り」

ジャイコはいつも、いつも、いつも、この言葉を言いたがった。

その隣に愛さんがジャイコの名前を書いた。

「アー、ジャイコよ」

いつもは名前だけをレンガに書く。ジャイコのレンガに書かれた愛さんのこのひと言は、たくさんの花を抱えて、お参りしてくださった方々の涙を誘った。

最後にジャイコと会話？　をしたことは、愛さんには言わなかった。

私が感じたことだし、果たして本当にジャイコがそう言ったのか？　私のしゃもんは本当にジャイコを迎えにきてくれたのか？　全てが私の観法の中の出来事である。

愛さんはしばらく静かにペットロスになっていた。ひと言も、ただのひと言もジャイコのことをしゃべらない姿が、その深い悲しみを代弁しているようだった。私もジャイコの話はしなかった。

ジャイコが亡くなって、1か月も過ぎた頃、愛さんが突然「最近、ジャイコがハスキーになった夢を見るんだ。それも知らないハスキーなんだよ。なんだろう？」そんな夢を続けてみる、というのだ。

ああ、やっぱり私のしゃもんが、ジャイコといるのだ。

私はそう思い込むことにした。だって、そう思えばジャイコと交わした最後の会話も光彩を放つ。なによりそう思ったほうが楽しいではないか！

全てが私の中でのことだ。どう思ってもいいのだ。そして、そんな自分の思念で人生は作られていく。人生は起こった出来事でなく、自分の思いと解釈でできているのだから。

ジャイコがしゃもんといるならば安心できるし、私のしゃもんにしても死してなお、今もちゃんとお役目を持っているのである。そう考えるととても嬉しい。

ペットのご供養をしていると、多くの方から共通した思いを聞くことがある。

「妙玄さん、私ね、うちの子が亡くなって、自分も一緒に死にたいと泣いてばかりいたけど、ひとつだけ良かったことがあるんです。私は今まで死ぬのがとても怖かったのですが、今は死ぬのが怖くなくなりました。いえ、死ぬのが楽しみになりました。だって、あの子に会えるんですもの！　天寿を終えた子と会うには、自分も天寿をまっとうする必要があるんでしょうから、それまではあの子に恥ずかしくないように生きないと！」

多くの方が泣きはらした顔に、微笑みを浮かべてそう語る。

そして、私も笑顔で答える。

「私もですよ」

愛さんのジャイコに合掌。

第8話

あかりばあちゃんの介護日記

あかり

ある秋の日、心地よい風を感じながら施設に行くと、なにやら愛さんの怒鳴り声が外まで響いている。

(うっ、帰ろうかな……。また事件かなぁ?)

小さくため息をつきながら母屋に行くと、愛さんと猫のエサやり命のホームレス・高原さんとが二人して、老ホームレスの長部さんを怒鳴っているではないか。

愛さんがホームレスさんを怒鳴る。ここでは見慣れた光景だ。

また、彼らは怒鳴られるようなことばかりするもんだから……。

長部さんは施設からそう遠くないところに、小屋を建てて住んでいる、70代前半くらいのホームレス。誰ともあまり話をしないので、私も名前くらいしか知らないし、会うと挨拶するくらいの関係だ。

長部さんは愛さんにいろいろと世話になっているのだが、あまり猫などには興味がなく、施設に来ることもなかった。

そんな施設と関わりを持たない彼が、なにゆえに施設で、愛さんに怒鳴られているのか? 気にならないわけではないが、私としてはできるなら、ぜひスルーさせていただきたい。

あまり犬猫に関係がないイザコザや事件は、関わってしまうとキリがないのと、巻き込まれるとややこしいのと、なにしろ仕事を抱えながらの施設への日参なので、そもそも施設の作業以外のことに関わる時間も余裕もない。動物関係以外の事件は、なるべくスルーしないと身が持たない。

ここで下手な好奇心を持つことは、自滅行為なのだから。

とはいうものの、怒鳴り声からは「だから猫が……‼」「この猫は……‼」

猫・猫・猫って、猫連発。あぁ、自分に火の粉が、ばんばん降りかかってくる話かなぁ。


「猫がどうかしたんですか？」

ま、聞きたくないけど、しかたないね。


どうやら、ことの顛末はこうらしい。

長部さんが自分の小屋の前で、集めた缶を潰していると、（彼らホームレスは空き缶を集めて、それを売ったお金で生計を立てている）小学校低学年くらいの男の子が、1匹の猫を抱いて近寄ってきて、こう言ったらしい。

「あの〜。猫が変になっちゃって……。お母さんがこの辺りに猫を置いとけば、飼ってくれる人がいるから、猫置いてきなって言うんで来たんですけど……。どこに置いたらいいですか？」

で、こともあろうか、この長部さん「渡してやるから、ここにつないどきな」と、猫を預かったというではないか‼　その猫をそのまんま愛さんの施設に持ってきたのだ。

「バッカじゃないのぉーー！」

思わず、尼僧らしくないセリフが口から飛び出る。

なんで一般家庭の飼い猫まで、愛さんが引き取らないとならないわけ⁉

なんで猫を簡単に受け取るの⁉　その男の子の名前も住所も電話番号も聞いてないって、どこの子かも分からないなんて、どーゆーこと⁉

それに、そんな小さな子が抱いてこられる猫は、どう考えても健康な猫じゃないよね？

すでにケージに入れられている猫を恐る恐る見ると、なんだか体が右に傾いている体勢。顔を近づけて覗き込んでも反応しない。

「あれ？　この子……」

目の前に指を突き出してみたが、やはり反応はない。

「この子、目が見えてないですよ！」

そっと体に触わってみると、ビクッと身体を硬直させ、次の瞬間パニックになった。ケージの中をぐるぐる回りながら、唸《うな》り、怒り、本気で指に噛みついてこようとする。そりゃあ、怖いよね、見えないんだから。

噛まれないように、猫をなだめながらタオルで包んで、抱き上げてサークルに放すと、右に傾いたまま、「うーうー」と唸りながらぐるぐる、ぐるぐる回っているではないか。

「脳梗塞か脳の神経障害だな……」

そういう病状の子をたくさん看取ってきた愛さんが力なくつぶやく。身体の毛はパサパサで、病気もあるだろうが、いかにも年寄りだ。

（もうダメだ……！）

どんなに長部さんを責めたとしても、この猫は愛さんが引き取るしかない。仮にホームレス衆にその男の子の家を突き止めさせても、全盲で脳梗塞になった老猫を捨てるような家に、この猫を戻すわけにはいかないではないか。

ちなみにホームレスの情報網はけっこう凄い。暇でぶらぶらしている人が多いので、いろんなことを見聞きして知っているのだ。

全盲で脳梗塞の老猫。こんな姿になってから子供に捨てに行かせるなんて、神仏をも恐れぬ蛮行ではないか。この親はまだ小さな子供に「命を捨ててこい」と言ったのだ。自分の子にそんなことをさせたのだ。

親の唯一無二の役目とは〝子供に生きる力を教えること〟だと私は思っている。それだけを教えることができたら、子供はどんな状況でも生き抜いていく。

生き抜く力とは、世間は怖いものではなく、世間は助け合うものだと、この子が実感できる力であり、人生で起こった出来事に対峙していく智恵である。

人は敵対するものではなく、調和・協調してつながり、自分がしたいことを成し遂げていくのを手伝ってくれる相互援助の仲間である、というループを構築していけるかどうかで、人の人生は大きく変わる。

親が子にお金を残してダメになる人はたくさんいる。自分の後を継がせて、ろくでもないことになっている例もごまんとある。

中国の故事にもあるように、子供には「釣った魚を与える」のではなく、「魚の釣り方を教える」ものだと私も思う。ただそれだけで、子供は想定外なことだらけの世知辛い人生を生き抜く力を持つ。

命を捨てる行為は、それを実行した人間の人生に、深くて暗い闇を残す。そうなってしまった人を、私はカウンセリングの現場でたくさん見てきた。

どちらにしろ、そんな家族に病気の老猫を戻せない。だがそのことと、長部さんが安易に猫を受け取ったことは別問題。

「あそこに持っていったら、猫を引き取ってくれた」そんな噂が周囲に広まったら、それこそ施設は大変なことになる。

たとえ健康な猫だとしても、1匹の猫の一生には病気や怪我、衣食住など適切な環境も必要で、当然お金もかかる。特にこのような全盲、ましてや脳梗塞の猫は、健常な猫と違い、居場所にもそれなりの工夫が必要。段差をなくしてスロープにするなど、特別な環境を作らなければならないのだ。お金も手間も看護の労力も倍々にふくらむ。

ホームレスの彼らは、そんなことをまったく考えない。何かあると、恩人の愛さんにおんぶに抱っこ。そんなことをするから家庭や職場、社会からはじかれる。しかし、だから、それだからこそ、彼らはホームレスをやっているわけなのだが……。

長部さんは愛さんと高原さんに散々に責められて、すごすごと体を丸めて帰って行った。

ぜんぜんかわいそうじゃない。自分の小屋に着く頃には、長部さんはもうこの一件を忘れていることだろう。もう彼の目の前にかわいそうな猫はいないのだから。やれやれ、とワンカップをあおる姿が目に浮かぶ。

もっとも「なんてことするんだ！」と大上段から長部さんを怒鳴っていた、猫のエサやり命の高原さんも、人のことを言える立場ではないんだけどなぁ……。

愛さんの施設には、脳神経麻痺だったゴローを始め、高原さんが持ち込んで、里親に行けず施設の子になった猫がごまんといるのだから。


これから愛さんは、この全盲で脳梗塞の老猫を生涯抱えることになる。

愛さんは、この全盲の老猫に少しでも希望の灯りをあげたいと、「あかり」と名づけた。施設の猫たちはたくさんいるので、たいていは、その子を保護したときの状況を忘れないようなネーミングをつけたりしている。

師走に保護した「しわす」、かえでの木の下に捨てられていた「かえで」、ジャムの空き瓶に入れられていた「ジャム」、コーナンというホームセンターの駐車場に捨てられていた「コナン」、三つ子を妊娠していたから「ミッツ」、工場の廃油まみれだった「オイリー」。

または「あかり」のように「その子にあげたいもの」を名づけることもある。元気がない子には「げんき」、病弱な子には「ファイト」というように。

そんなさまざまな事情を抱えた猫がいる愛さんの施設。なにはともあれ、捨てられた猫に罪はない。

「ようこそ、あかりちゃん。これからお世話させてね。よろしくね」

新入りのあかりに挨拶する。

「こんなふうなあなたを捨てるような人たちから、捨てられて良かったね。あかりはここに来て大ラッキー！　これからおいしいものたくさん食べて、ふかふかのおふとんで寝て、穏やかな毎日を過ごそうね」

そう語りかけるも、あかりは唸りながら、ぐるぐると回っている。手入れもされていないバサバサな毛をなでると、ゴツゴツしたやせた身体は、健康状態がよくないことを訴えていた。


翌日、愛さんは大工仕事ができるホームレスさんに、あかり小屋のリフォームのバイトを依頼。シェルターのひとつに、室内と野外の運動場を結ぶ長いスロープをつけた。スロープの左右には転落防止の壁をつけて、じゅうたんも敷かれ、あかり用に大改造。

あかりは全盲で目が見えないだけでなく、鼻も利《き》かない様子。このような子でも、足裏の感覚はあるので、スロープにじゅうたんを敷いてあげると、（このじゅうたんが、小屋とトイレがある運動場をつなぐのだな）と認識できるようだ。

さらに、あかりがケガをしないようにと、小屋は低い棚の角という角を削られ、どこも丸くなりタオルが敷かれた。

そこまでやる⁉　と私は思うのだが、やるのだ愛さんは。そこまでやる人だからこそ、このような自費の施設を何十年もやっているのだろう。

スロープやトイレ、寝床の位置、室内と野外の猫ドアに、何度も何度も誘導して教えていく。目が見えなくても、何度もやっているうちに、壁づたいに身体を這わせ、いろんな場所を覚え、自分の位置感覚を身に付けていく。

危ないから世話が大変だから、といって狭いケージに閉じ込めずに、障害を負っていてもなるべく自力で生活ができるようにしてあげたい。

安心できる室内のふかふかふとんの小屋、風や雨を感じられる外の運動場、土や草の感触。日向ぼっこ。外にトイレがあるだけで、このような子は充分に歩くことの補助になるのだと思う。見えないながらも、自分で行きたいところ、行きたい場所に行く。体の不自由はあるが、そんな自分で選択できる生を送らせてあげたい。

「猫は自由でこそ猫。犬は走ってこそ犬。鳥は飛んでこそ鳥」

かつて愛さんがお世話になった獣医師の名言である。私はこの言葉がとても好きだ。ちなみに人間は〝考えてこそ人間〟であろう。

足の感触をたよりに行き来するあかり

このように工夫された環境に置くと、たとえ脳梗塞で全盲の老猫でも、自分が行きたいところに行き、昼寝したい場所でお昼寝をし、土を掘って遊べたりとほとんど悲愴感がない。「それなりに生きているなぁ」そんな感慨深いものさえ感じるのだ。

全盲で脳梗塞のあかりは、ぐるぐると回りながらいつも怒っていた。さらに10日も過ぎ、すっかりと施設の環境に慣れると、いつしか威張り出したのだ。

あかりばあちゃんはいつもお腹をすかしていて、食べても食べても（ご飯、まだかい！）（なんか持っといで!!）とわめきながら催促する。

いくらでも食べるので、これまでお腹をすかせていたのだろうからと、たくさんあげていたら、ひどい下痢になってしまった。

そうなってからやっと、脳梗塞のせいかなのか、痴呆もあると気がついた。

それからは、ご飯を適量に戻したのだが、あかりバァちゃん、（飯はまだかい！）（ちゅ〜る〈猫に人気の流動食。すごく高価〉ものっけとくれよ！）（早くすんだよ！　飢え死にさせる気かい⁉）ぐるぐる回りながら、威張るわ、怒るわ、また回るわ。

その上、自分で毛づくろいができないので（首かいとくれ！）（背中かきな！）と命令され、言われるがままにかいていると（そこじゃないよ！）とガブガブガブー‼

ひぃぃぃぃ――！　うぎゃぁぁーーー‼（↑私の悲鳴）

ところかまわず、噛み付かれる。

さらに（いつまで触ってんだい‼）（気のきかない坊主だね！）とまたガブガブーー‼

ひぃぃぃぃ――！　うぎゃぁぁーーー‼　とにかく、思いっきり噛み付くのだ。

痴呆のせいなのか噛む力の手加減もなく、前触れもないので噛むタイミングが分からない。それはまるで、ドラマにでも出てきそうな鬼姑（あかり）と鬼姑の看病に耐える嫁（私）のような関係。

さらに、あかりは脳てんかんのような発作もたまに起こした。

いきなり全身が突っ張り、痙攣し、自分の手やふとんを噛んで歯を喰いしばる。ものの数十秒で治まるのだが、私たちは何もできることがなく、「あっ！　あかり‼」とか言いながら、おろおろするばかり。

そんなバァちゃん猫に風邪の投薬や点滴治療などしようものなら、かなりの負傷は覚悟の上。健常な猫と違って、噛み付くときのタイミングや動きに予測がつかないので、毎回がっぷりとやられる。まぁ、本人もよくわからないのだろうけど。

時折パニックを起こすと本気で引っ掻くので、爪を切りたいのだが、ものすごく暴れて噛みつくので、爪も切れない。

身体をかいていると、あかりはすぐに気持ち良さそうにゴロゴロとのどを鳴らして（もっと、もっと！）とアゴを前に突き出す。そうかと思うと、次の瞬間、体を反転させて、いきなり本気で噛み付いてきたりするので、もうどうにも負傷が避けられない。

他の猫のように「う〜〜〜」とか、「シャァー」とか、「ヴ〜ヴ〜」とかの合図がないので、かまおうとすると、どうしても噛まれてしまうのだ。まぁ、ボケてるのだから仕方がない。本人だってわかっていないのだから。

そんなこんなで、私はあかりによく呼ばれて（呼びつけられて）、ご飯や身体かきの催促をされて、そのたびに噛み付かれていた。

あかりは排泄をするときは野外の運動場まで出て行って、トイレの中ではないけれど、トイレの回りできちんと排泄をする。ただ、愛さんも私もあかりの排泄場面を一回も見たことがない。あかりは室内でそそうもしないので、いつ排泄に行ってるのか疑問と不思議があるのだが。


そんな障害や重篤な病気を持った老猫ではあるが、あかりはこのあかり用に工夫された空間で、自分なりに快適ライフを送っているように見えた。子分も（私ね）従えて……。

このような環境を与えてあげられると、たとえ重篤な病気を持った老猫でも、悲惨さはなく、それなりに快適に暮らせることが嬉しかった。

私の車の音がすると、聴覚は失っていないあかりは車＝飯とインプットされているのか、車＝子分または嫁なのか？　すぐに〝飯くれコール〟の大絶叫が始まる。

野なかの一軒家じゃないんだから、そんなに叫ばれると困るんだけど。

施設では、10月の後半から4月いっぱいくらいまで、猫たちのために灯油ストーブを焚く。そんな冬のシェルターは安普請の都会の住まいより、暖かかったりする。

それでも、ストーブを片付け、寒暖差がある春先に、猫たちは一斉に風邪をひいたりするのだ。おとなしい子は口から確実に薬を飲ませることができるが、問題は、暴れる・逃げる・怒る子。愛さんの施設のシェルターは広さも高さもあり、猫は縦横無尽に逃げ回れるから、さあ大変。シェルターの子は病院に連れて行くのも大騒動だ。

口から薬なんて不可能の極地。少しの刺激で、噛みつくあかりも同様だ。風邪をひくと鼻が詰まるので、猫は匂いがわからなくなり、ご飯を食べなくなることが多々ある。今春のあかりもそんな症状。また、触られてパニックやてんかんも起こす。あかりが噛み付くときは一切の手加減がない。

投薬時や治療時も噛まれないように、あかりの首から下をバスタオルで包んでの処置。それでも、ものすごくあばれて怒る。


先日、(ねぇ、坊さん、頭の後ろかいとくれよ!) と言われたので、「はいはい」と、あかりの後ろ頭をかきかき。大威張りばぁちゃん、ゴロゴロと気持ち良さそう。

と次の瞬間! あかりがいきなり身体を反転させ、私の手の甲に、がっぷりと噛み付いたまま

発作を起こしたのだ‼

うぎゃあぁぁぁぁーーー‼　とどろくのは私の悲鳴。

あかりは私の手の甲に噛み付いたまま、歯を喰いしばって痙攣。全身が突っ張っている。

あかりもかわいそうなのだが、私だって脳天を突き抜けるほどの激痛だ。

手が食い破られる！　と思ったが、この状況では、とにかく手を動かさない、ということしかできない。あかり自身、痙攣している自分の身体をコントロールできないのだから。

たぶんその間、数十秒。あかりの発作が治まり、やっと私の手から口を離す。

あかりが落ち着いたことを確認し、手を消毒しようとしたら（猫の噛み傷はすぐに閉じてしまい、ばい菌が中で繁殖するため）、犬小屋から、

「ガゥガゥガゥーー！」「バオン！」「バガガガーー」

保護犬のクロ・コロが親子喧嘩。転げ回っての、ものすごい大格闘。

「こらぁーー！　やめなさぁーーい‼」

今日に限ってなぜか、分けても分けても、ケンカが収まらない。ふだんはすごく仲いい親子なのに。ようやっと収まると、今度は、

「ふんぎゃぁー！」「ぎゃおぉぉー！」

新入り猫のきいろが、意地悪ハースにやられている。

「やめなさぁ～～い！」屋根の上の猫に向かって、届かないホウキを振り回す。

そうこうしているうちに、すっかり手の消毒が後回しになってしまっていた。


しばらくすると手の甲がみるみる腫れてくる。

ふ～～む。まぁ、このくらいは腫れるよねと思っていたら、翌日、翌々日と、どんどんどんどん腫れていく。

さすがにまずいかな……。と思っていたら、愛さんから病院直行命令が発動。

「すぐに病院に行きなさい！　高原さんは、猫に噛まれて手が腫れて、爪が2枚落ちたんだ。そのあとも入院手術して、3か月も手が使えなかったんだから」


ペットライターをしていた頃は、破傷風の注射をしていたのだが、僧侶となった今は噛まれたケガに対する防御は何もしていなかった。10代から犬猫に関わってきて、猫にかまれて手が腫れたのは初めてのことだ。

それでも、病院に行けばすぐ良くなると安易に考えていたのだが、私の手を見た外科の先生は眉をひそめ、「まずいね」とひと言。

（えっ⁉　そんな大ごと？）

すぐに局部麻酔をして、手の甲を2箇所、切開。はさみで切って、鉗子《かんし》で肉を引き裂いていく……。

（えっ？　そんな肉を引きちぎるような裂き方したら、はでに傷が残るんじゃぁ）

そんな私の憂慮におかまいなしに、先生は遠慮なく引き裂いた手の甲の穴をしぼる。どくどくどく、大量の膿《うみ》が溢れ出た。

さらにレントゲンの結果「骨にも傷がついてるね。破傷風の注射と抗生物質の投与で、腫れが引かなければ、入院して手術ね」

（えぇぇーー‼　入院？　手術⁉）

自分の驚きと裏腹に、腫れは手の甲から指の第二関節、さらに指先へと進行していく。さらにさらに、手首から上にもどんどん腫れが広がっていく。心なしか、噛まれて腫れたほうの脇が痛む。

（脇〈リンパ〉はまずいなぁ……）

それにしても、腫れた手は真っ赤でぷっくり。膨らんだ風船のようにしわがなく、まるで赤ちゃんの手のようだ。いつもの血管が浮き出たおばちゃんの手ではない。そんなのんき気な状態ではないのだが。

手を下げると腫れと痛みが増幅されるので、しばらくは三角巾。もちろん、水仕事もご法度だ。珍しくまじめに薬も飲み続けた。それから数日。手の腫れは、指先と手首とひじの間でようやく止まり、それからはみるみる収束に向けて引いていった。


その間、たくさんの方から〝腫れ武勇伝？〟を聞いた。一番の重症は、犬に噛まれ、破傷風の症状が日々進み、足の指切断↓足の甲切断↓足首↓すね↓膝まで切断した方の話だ。書いていても恐ろしさに寒気を覚える。ペットと暮らす人は、他の子や野良さんと関わることもあるだろうから、破傷風の予防注射をしておく、という選択もありだと思う。

ちなみに破傷風の注射は当日1度、1ヵ月後2回目、さらに1年後に3回目を打ってこその予防となる。


あかりのような子や施設で保護したばかりの子などは、病気や性格などの様子が分からないので、どんなに工夫してもケガは避けては通れない。

しかし、身体の生理を勉強している私としては、それらは武勇伝としてではなく、注意喚起として受け止めるものだと思うのだ。

ケガが治り、施設の作業に復活した私に、あかりの態度は相変わらずだ。

（飯まだかい⁉）（ちょっと、背中かいとくれよ！）の大絶叫。

私の手を噛んで悪かった、という態度は微塵もない。しかし、この痴呆の老猫の大意張りな態度こそ、彼女の幸せな日常を証明している気がする。

虐待されたり、不幸な環境におかれている犬猫は威張らない。無表情になったり、パニックになって噛み付いたりはするが、威張るという行為は、相手が自分にやり返さないという証明でもあるのだ。

こんなに年老いているうえ、全盲の脳梗塞で痴呆になり、さらにてんかん発作もある。それでも、あかりは毎日元気に（ご飯おくれよ！）（お腹すいたよ！）と催促する。

運動場の日向で外の風を受けながら、すやすやと眠っている姿を見ていると、「あぁ、気持ち良さそう。良かったなぁ。愛さんの施設に関わって私がやってきたことは、小さな命に、こんなに穏やかな時間をあげられたんだなぁ」と、自分がやってきたことに対する答えをもらえる気がする。それは究極の〝承認欲求〟なのだと私は感じる。

承認欲求とは「我の存在は必要とされている」というもので、私たちが生きていく上で必要不可欠なものである。

自分は誰にも必要とされていない。

自分は誰の役にも立たない。

そんな自分は、生きていくことに価値や必要性を見出せなくなってしまう。

人はそんな状況で心を病んだり、病気になったり、生を諦めたりしていく。

河川敷にはそんな状況の中、自ら命を絶ちに来る人が後を絶たない。


犬や猫たちは、ときとして私たちに、「あなたの存在が私には必要である！」という強烈なメッセージをくれる。ペットを愛する私たちは、その強烈な生へのメッセージにのめり込んでいく。

自分のためには我慢ができずに投げ出してしまうようなことでも、愛するもののためには歯を喰いしばり、忍耐できることを学ぶ。

自分のためには諦めてしまうような出来事も、愛するもののためには悪戦苦闘の中で、大切な何かを守り通そうとする。

相手のためになら懸命に何かを成し遂げていこう、と自分の我を凌駕していく。

私たちは犬や猫を通して、人は自分のためには生きられなくとも、自分が愛するもののためには生きられることを知る。

ときとしてこの小さな命が、家族からも社会からももらえなかった「あなたが必要なんだよ！」。そんな生へのパスポートをくれるのだ。

そのようなことを教えてくれるあかりは、今日も元気に高野山の阿闍利《あじゃり》（住職・教師資格者）をパシリに使う。

（ちょっと、そこの坊主！ 早く夕飯おくれよ！。餓死させる気かい⁉《怒》）

「ばあちゃん！ 今、たった今、食べたでしょ‼」

そんなやりとりが続く。

誰かの、何かに役に立つ。それこそが聖職者の使命である。

今日も私は、１匹の老猫から誰かの役に立つというお役目と、生へのパスポートをもらう。

第9話

骨折の小夏がつむぐ縁

小夏

ある日、「ひまわり」というお店をやっている通称ひまわりさんが、事故で亡くなった愛猫ななの件で、妙庵にカウンセリングに訪れてくれた。

このときのカウンセリングのスタイルは、面談の前にメールでご相談内容をお聞きしたり、その内容に関して質問をさせていただくというものだった。メールカウンセリングで、ひまわりさんの愛猫ななの事故死の経緯を知り、その特異な事故に私は考え込んだ。

「う〜ん。難しいな……」

物事に偶然はない。全ては必然であり、起きる出来事には意味がある。それが私の持論であり、その〝起こった出来事の意味〟をクライアントと一緒に探していくことが、カウンセラーである私の役目だ。

私たち人間は物事に意味を求める。「なんでこんなことが起きたのか？　そのことに納得しないと前に進めない」「この出来事の意味が分からないと手放せない」

クライアントさんは、よくこのようなことを口にする。

たとえ事故でも、なぜそんな事故が起こったのか？　という意味に本人が気づくということが重要となる。

特に事故などの場合、なぜ？　という理由・意味に気がつかないと（得心しないと）悲しみから抜け出せない、という方が多い。


「う〜〜〜ん。なんで、ななはこのような事故にあったんだろうか？」

「この事故にどんな意味があったのだろうか？」

何度もメールカウンセリングの内容を読み、瞑想する。この作業が何日も続いた。こんなにカウンセリングの指針が決まらないのは初めてのことだ。

「この事故には、いったいどんな意味があるのか？」

「なぜ、このような形（特異な事故）での表現が必要だったのか？」

分からないまま、何日もずーっと瞑想し、考え続けた。カウンセリングとは本来、相手の話をいろいろな角度から聞き込んでいく作業である。答えはカウンセラーではなく、クライアントが持っているからだ。しかし、その聞き込み作業は当日していくにしても、カウンセラー側にある程度、指針がないと、クライアントと一緒に迷った道をうろつくことになる。面談前に、俯瞰《ふかん》（物事の全体を上から見ること）により指針を導き出す、ということを私は大切にしていた。もちろん、その指針が的を射てなかったとしても、その場で舵を切るために、はじめの進路は重要なのである。

5回目の瞑想の時、気のせいかもしれないが、ふっと、亡くなった「なな」の存在を感じた。

その瞬間「あ！」突然、私の中で何かがつながった。

「そうか！　こんな意味があって、ななちゃんはこのような亡くなり方・表現が必要だったんだ」

自分の中で、ひまわりさんのカウンセリングの指針が定まる。亡くなったななが一生懸命に手伝ってくれたような気がした。

「ななちゃん、ありがとう」合掌とともに、自然にそんな言葉をつぶやいていた。


カウンセリングの前日の瞑想中に、ふっと、ある指輪を思い出した。

東北慰霊に行った際、A地で買った貝細工の指輪。貝のお花畑から、猫がひょっこり顔を出して、こっちを見ているというかわいらしい指輪である。デザイナーの手作りの一点物。けっこう高価だったが、物に興味のない私が、なぜか（誰かにあげよう）と買って、使わずに包装のままとっておいたもの。

（なんで、この指輪を思い出したんだろう？　この指輪をひまわりさんに渡せってことかな？

この指輪の猫のように、ななはお花畑から、お母さんを見守っているってことなんだろうか
……？）

当日、ひまわりさんのカウンセリング終盤、一緒にななへのお経をあげ、ご供養をした。

「妙玄さん、ずっと知りたかった、ななの事故の意味がようやくわかりました。あの子があのように亡くなった意味がわかり、納得しました。ずっと、自分を責めていたのですが、そうじゃなかったんですね」

泣き腫らした目をこすり、晴れやかな笑顔でひまわりさんがそう言ってくれた。

「供養までしていただいて、やっと、ななを天に帰してあげられた、と感じました。本当に来て良かった！」

満面の笑みだ。そのタイミングで指輪をひまわりさんに渡す。

「東北慰霊のときに、A地で買ったんです。ななちゃんが『お母さん、いつも見守っているからね』って、伝えたいのかもしれないですね」

「うわぁ～！　かわいい指輪！　嬉しい！　いいんですか⁉」

「あら？　地元のお店だわ。なんだか不思議。A地から新幹線で来て、東京でA地のデザイナーさんの指輪をいただいて、またA地に持って帰るんですね」

ひまわりさんがまた笑った。

（えっ⁉　ほんとだ………。A地は人生で2度しか行ったことないのに……。地元A地は、ななの影響範囲だったのかな？　ひまわりさんに渡すために買わされたのかしら？）

そんなことを思いつつ、カウンセリングは終了。

ひまわりさんを見送ったあと、私は力を出し尽くしたのか、ほっとしたのか、密壇《みつだん》の前にへたりこんだ。空を見上げる。「ああ、いい天気だなぁ」笑顔で帰ってくれたひわまりさんと、嬉しそうななの存在。そのまましばらく心地よい脱力感を感じていた。

ひまわりさんのおうちには、ななをとてもかわいがっていた「りん」という先住の白黒の♂猫がいる。右手に障害があり、極度のびびり。

ちなみにななはミケの♀。8か月のとき事故で他界したのだが、生後2か月くらいのとき、小学校の校庭に段ボールに入って捨てられていたのを、ひまわりさんに保護された子である。ななが亡きあと、ひまわりさんは旦那さまとりん、夫婦と1匹で暮らしていた。

しばらくして、ひまわりさんから電話があった。

「近所にあるお蕎麦屋さんの駐車場に住み付いている、若いメス猫がいるんです。夫がご飯をあげていて、なついているので自宅に入れてあげたいと思うのですが。野良を引き取るのは初めてなので、近隣の猫の愛護団体にどういう手順で受け入れるんでしょうかと聞いたら、『そのまますぐに自宅に入れてあげて。猫のストレスになるから、獣医での病気の検査やノミ取りは自宅に入れて、落ち着いてからにしてください』と言われたのですが、先住のりんもいるので、病気やノミが心配で。どうしたらいいのでしょうか？」という内容だった。

「私の意見を申し上げると、その子を捕獲したらそのまま獣医に行って、健康状態と性別を見てもらい、ノミを落とす薬、エイズと白血病の血液検査をしてもらったほうがいいと思います。ノミはじゅうたんや畳にも着くので、一度室内で繁殖したら大変ですし。りんくんもいるので、血液検査をしたほうが安心ですよ。

そうしたら、新入りさんをケージに入れたまま、りん君と対面させて、徐々に室内の環境に慣れるか？　先住猫とうまくやれるか？　様子をみるといいですよ。ただ、病気があったり、りんくんとどうしても合わないことや、室内でパニックになるような場合は、受け入れが困難になるし、その猫にも負担になるので、野外で世話する方法も視野に入れるといいかと思いますよ」

愛さんの保護施設で経験した自分の考えを伝えた。

「ありがとうございます！　いろいろ聞いて安心しました。その子はメスだからオスのりんとも大丈夫と思います！」とひまわりさん。

その数日後、連絡をしてみると、

「妙玄さんのアドバイス通りにして良かったです。病気はなかったし、たくさんついていたノミダニも落としてもらい、安心して家に入れられました。そうしたらなんと！　オスだったんですよ！　てっきりメスだと思って、名前まで考えていたのに（笑）。妙玄さんに性別も獣医さんで確認してもらってって言われなければ、メスだと思い込んだままでした！

考えていた名前は男の子用に変えて『なっつ』にしました。りんとも折り合いをつけているし、家に入れても落ち着いてて、外に出たがらずビックリです。（ぼくね、もう野良をやめたかったんだ）と言ってる気がします。妙玄さんと知り合って、私も誰かの〝優しい手〟になりたかったので、なっつを迎え入れられてすごく嬉しいです」

そう電話口で笑っていた。

ひまわりさんのおうちは、夫婦とりんとなっつのオス猫2匹の暮らしになった。

そんな電話の翌日、私は遠方での法事（人間）をお受けしていて、早朝からの日帰り強行スケジュール。その上、先方にアクシデントがあり、帰りがほぼ最終の新幹線になってしまい、疲れ切ってぐったりしていた。マナーモードにしていた携帯の振動がメールを告げる。

（愛さんだ！）携帯を手にとる前に直感した。いやな予感のまま携帯メールを見るとやはり愛さんからだった。

タイトル欄には「子猫」の二文字。

うっ……。タイトルを見た瞬間に思わず、携帯のフタを閉じてしまった（スマホではなくガラケーなので）。

閉じても、内容は変わらないんだけど。

ふぅーーーー。大きくため息をついて、メールを見る。

「仕事先で子猫保護。右手骨折のようす。明日病院お願いします」

（また、都会のど真ん中で、子猫見つけたか。はぁ……）

明日こそ施設を休んで休養しようと思っていたのに。施設ボラ皆勤賞である。理由をつけてはさぼっていた学生や会社員のころでは、考えられない状況だ。

翌日、施設に行くと、生後2か月くらいでやっと離乳した様子の子猫が、施設の大きいケージに入っていた。きじ模様の女の子。ケージ越しに近づくと、背中を丸めて、シャーシャーと威嚇する。たしかに、右腕が変だ。

そのまま、すぐ病院に行き診察してもらう。結果は、右手の上腕部の骨折と長いしっぽ2箇所の骨折だった。まだ赤ちゃんなのに、痛いだろうなぁ。かわいそうに……。

この骨折した身体のまま、都会の茂みに一人で隠れていたんだ。

虐待かなぁ。子猫はたとえ愛さんでも、とくに男の人を怖がった。


先生は子猫に、痛み止めと鮮やかなオレンジのテーピングをしてくれた。

「子猫は手術もギブスもできないから、テーピングでいきましょう。女の子だからオレンジね」

エイズ・白血病検査はともに陰性。ほっとした。

子猫は抱き上げると抱かれたまま固まり、手を離すとすぐに人から離れて、シャーシャーと威嚇していた。その一生懸命に自分を守ろうとする姿に涙がこぼれる。

こんな歯も少ししか生えてない、爪もまだやわらかい、赤ちゃんのような子猫に、シャーシャー言われ、たとえ噛みつかれても、引っ掻かれても、痛くも怖くもない。ただ、この子はこうして自分の身を自分だけで守ってきたのだ。「シャー」というしか、自分の身を守る術がなかったのだ。

「シャー！　シャー！」（怖い！　怖い！　噛み付くわよ！　こないで！　こないで！）と、この子は精いっぱい叫んでいた。

「かわいそうに。もう大丈夫だよ。シャーって言わなくても、あなたをいじめる人はここにはいないよ。これから、たくさん幸せになろうね」

子猫にそう話しかけ、病院のスタッフさんに、子猫の名前を聞かれ「しま子です」と答える。

いいよね、きじだから。

子猫は虐待された動物特有の表情を見せた。それは「無表情」。独特の表現であり、もちろん健全なことではない。

野生動物、または虐待された動物は自分の表情を隠し「無表情」になることがある。時として生命は、そうして自分の感情を殺して、自分の命を守る究極の選択をするのであった。

子猫の時期のニコニコ、ケラケラという爛漫《らんまん》さがなく、痛み止めの注射とテーピングをした、しま子。

「まだ赤ちゃんなのに、何をされたんだろうね。一人ぼっちで、不安で怖くて、折れた手やしっぽが痛いよね。これからは、にゃぁ〜って甘えたり、自分から抱っこ〜って、寄ってこられるようになろうね。ここでは自分の感情を表現して、大丈夫なんだよ」

しま子をひざに乗せ、そう話しかけながら施設へ戻る。

愛さんに病院での診察と、名前を付けたことの報告をする。

「キジだから、しま子？　センスないね。まだ夏の初めだから『小夏』にする」と愛さん。

あっ、そ。私のしま子は却下ですか。まっ、いいや。「小夏」かぁ。確かにかわいい名前だな。

そして連日、いつもより早めに施設に行って「こなちゅ〜〜。なちゅぅ〜。なっちゃぁ〜ん」と話しかけながら、小夏をかまう。

接し始めは相変わらず怖がって怯え、シャーシャー言っていた小夏。

抱くとやっぱり無表情で固まっていた。まるで自分の存在を消すかのように、小夏は自分の感情を殺す。私はここにいない、と訴えるかのように。

通常、愛されて育った子猫は、この時期とてもおしゃべりで、我先にかまってもらいたがる。子猫が話す内容はほとんどが、自分の要求。人間同様この時期に、おっぱい欲しい、おしっこしたからなめて、寒いからお腹に入れて、など自分の要求を通すことによって、子猫たちは健全に成長していく。

「兄弟や母猫はどうしたのかなぁ。2日間探したんだけど、他の猫の姿はなかったし」と愛さん。

捨てられた子やノラさんは、差し出された人の手に、自分をゆだねるか否かが、命の別れ道である。その子たちにとって、差し出された手は神の手かもしれないが、虐待の手であるかもしれないのだ。

小夏は、施設で治療をしながら暮らすことになった。

施設は愛さんが早朝に出勤してから、私が行く夕方まで無人になる。小夏はその間、ケージの中で一人ぼっち。まだ子猫というより、赤ちゃん猫なのに。う〜ん、かわいそう。

しかし、手を骨折しているので、まだ他の猫とは一緒にはできない。（まぁ、骨折した子猫と一緒にできるような寛容な猫も、施設にはいないのだが）

小夏は相変わらず「シャー！　シャー！」（怖い！　怖い！　来ないで！）と訴え。抱き上げると無表情で固まっていた。

「大丈夫、大丈夫。小夏〜。なっちゃぁ〜ん。大好き。大好きだよ」と言いながら全身をなで、さする。

そんなことを繰り返していたある日。私が掃除をしていると、ケージの中から「にゃぁ」と小夏が私を初めて呼んだ。「なに？　なに？　小夏」すぐに抱き上げてなでる。

小夏、「にゃぁ〜」って言えたんだね。初めて聞く、子猫らしい本来の声。えらいぞ！　小夏。

しばらく抱いたあと、作業の続きをするため小夏を小ケージに移して日向ぼっこをさせると、また遠慮気味に、そして不安気に「にゃぁ〜（ねぇ、ねぇ……、私はここよ）」と訴えるようになっていった。

いくつもの仕事をかけもちしながら施設に日参する私は、夕方早めに施設に行っても、小夏が朝からの長い時間、一人ぼっちでいた不安や寂しさを埋めるほど、かまってあげられない。それは施設維持のため、早朝から仕事に行く愛さんも同様であった。

早く里親さんを決めて、おうちに入れてあげたいなぁ。高い夏の雲を見上げながら、心からそう願った。

そのとき、なぜか、ふっと、ひまわりさんが思い浮かんだ。

「妙玄さんと知り合って、私も誰かの〝優しい手〟になりたくて」と言っていたひまわりさん。

ひまわりさんは、なっつというオスの野良さんを受け入れたばかりだというのに、（ひまわりさんから、連絡がくる）なぜかそう感じていた。

数日後、小夏の経緯と里親募集の記事をブログに出すと、すぐにひまわりさんから連絡が来た。

「小夏ちゃんの里親、私でもいいですか？」

なんだか、全然驚かなかった。

「ひまわりさん、でも小夏は手も骨折していて、まだ手がどうなるか分からないですよ」

正直にそう話すと、

「もし、手に障害が残ってもいいです。それでもうちの子です」

小夏に会う前から、ひまわりさんはそう言ってくれた。骨折した手がうまく機能し、不自由なく動くようになるかどうか、この時点では未知数だったにもかかわらずだ。

トライアル（お試し期間＝通常1週間～10日）期間の提案はしたが、「この子はひまわりさんの子なんだ」と、なぜか初めから思っていた。


6月末に「なっつの去勢と仕事の休みを合わせて、7月21日に車で主人と小夏を迎えに行きます」と連絡をいただいた。小夏のために一刻も早く、家庭に入れてあげたかった私は、新幹線でこちらから届けに行きたいと告げた。双方の都合がよかった7日に私が小夏を連れて、ひまわりさんのお宅に向かうことになった。自宅→施設で小夏をピックアップ→都内から新幹線→ひまわりさん宅まで、片道6時間の長旅。

前日、獣医さんに検診&今までのレントゲンなどを受け取りに行くと、先生は快くCDに記録を移してくれ、うす汚れてしまったオレンジのテーピングを、鮮やかな黄色に変えてくれた。

「夏なので、ひまわり色にしてみました」と若先生。もう、これには笑ってしまった。ひまわりさんの家に行くのに、ひまわり色のテーピングかぁ……。

もう、行く前から決まりだなぁ。

施設に戻ると、「明日、これ持ってってって」と愛さんが、子猫の缶詰・ドライフード・おやつ・おもちゃ・ペットシーツ・タオル・ウエットティッシュなど、これでもか！　というほどの〝嫁入り道具〟を用意していた。

私、電車で子猫のキャリーバッグと手土産持って行くんですけど。こんなに持てるか‼

その夜、愛さんからメールが届く。

「明日、小夏をよろしくお願いします。名残り惜しくて、心配で、ずっと抱っこしています。不憫なこの子が幸せになれますように頼みます」


当日、小夏は移動中ずっとおとなしく、いくらペットシーツの上でオシッコをするように促しても、ずっと我慢していた。新幹線の中でも、「小夏、小夏のおうちに行くんだよ。大丈夫だよ。すごく優しくかわいがってもらえるよ。わがままもいっぱい聞いてもらえるよ」と繰り返し、なでながら話しかける。

駅まで迎えに来てくれた、ひまわりさんの小夏を見た第一声は「うわぁ～～小さい！」。

おうちに到着すると「古いんですよ～」と、ひまわりさんは言うが、昔風の作りで広いお部屋が何部屋もある。猫は1階2階のどの部屋にも出入り自由という。

（だ、大豪邸だよ、小夏……）

「急に娘の結婚が決まって、先月お嫁に行ったから、この家には私と夫だけなので、猫たちはどの部屋も出入り自由なんですよ」

なんか小夏の受け入れが整っているなぁ。なんだか笑ってしまった。

お蕎麦屋さんの駐車場にいた、新入りのなっつは去勢手術のため入院で不在。家にいる猫は、右手に障害がある先住のりんだけだ。

小夏のために用意してくれた大きいケージには、ふっかふかのタオルケットが何枚もあり、子猫用のベッドとおもちゃが用意されていた。

（いきなりご令嬢だなぁ……）

小夏をケージに入れると、事故死したななのお骨と遺影が目に入った。

お経を一巻あげようと、目をつぶり合掌したら、くすくすっ？　と、すごく嬉しそうな笑い声が聞こえた。ななめ上の方向くらいからだった。同時に（運んでくれて、ありがとう）そんな言葉が飛び込んできた。「なな」だ！　私はそう直感した。

（えっ⁉　連れてきてくれて、じゃなく、運んできてくれて？　猫だから言葉の使い方が違うのかな？　私が聞き取れないのかな？）

その言葉にびっくりして、お経をあげ損なってしまった。

目を開けて、お骨から離れようとしたら、旦那さまが横に正座されていた。

（あ、しまった。旦那さん、お経を待っていてくれたんだ。お唱えし損なっちゃった……）

旦那さまが作ってくださった、そうめんと天ぷらをひまわりさんが用意してくれて、みんなでお昼ご飯をいただいていると、りんが部屋の入り口から〝家政婦は見た〟状態で、こちらを覗いている。

「ごめんなさい。あんな猫なんですよ～。ものすごいビビリで、娘にも自分から近寄らないくらいなんですよ」

そんなりんが、そろりそろ～りと部屋に入ってきて、へっぴり腰で私のかばんの匂いを嗅ぐ。施設にも持ち歩いているから、いろんな匂いするよね。

くんくん……。こちらを向いて、りんが、フレーメン現象をした。

（注：フレーメン現象とは、有名な猫漫画『ホワッツ・マイケル』にも登場する変顔現象。匂いに反応してなると言われる）

これには一同大笑い。私もはじめて、生フレーメン現象を見た！

なおも談笑していると、りんがそのままスタスタと私のそばに寄ってきた。さりげなく差し出した私の手の上に、頭をこすりつけて、（妙玄さん。こんにちは）と挨拶をしてくれた。

「おや、ちゃんとご挨拶できたね。りんくん、ありがとう」

そう言いながらりんをなでると、ひまわりさんと旦那さんが、目をまんまるくして、口に手をあててビックリしている。

「りんが……、りんが人に寄って行くなんて……。それも、スリスリするなんて、ありえない。やっぱり、猫にはわかるんですかね？　安全な人かどうかが……？」

飼い主の驚きを意にせず、その後もりんは、もう一度（妙玄さん、ありがとう）とスリ寄ってくれた。ありがとう？　なんで？　このときは、ありがとうの意味が分からなかったが、聞き間違いかなと思い、気にしなかった。

ひまわりさんがケージでくつろぐ小夏を見て「妙玄さん、小夏ちゃんは、もううちの子で大丈夫ですよ」と言ってくれた。

「ひわまりさん、ありがとう。なな→なっつ→小なつは、亡くなった『ななちゃん』つながりだし、小夏はりんと同じ右手を負傷……。なんだか、不思議なご縁ですね」

「なっつははじめメスだと思い込んでいたから保護できたんです。りんがオスだから。なっつはメスだと思い込んでいたから、名前は保護する前から『小夏』にしようと思っ

ななをかわいがっていたりん

ていたんですよ。夏の初めだったから……」

なんと、なっつは「小夏」という名前をつけるつもりだった？

「えっ⁉　小夏って、ひまわりさんを知らない愛さんがつけた名前なんですよ。夏の初めだからって……」

「そうなんですか⁉　私はてっきり、妙玄さんが私との係わりでつけたのかと」

「と、鳥肌が立っちゃいました」と私。ほんとうに全身に鳥肌がたった。


なっつの前に、もう「小夏」は、このうちにいたんだ！

あっ⁉　もういた！　けど身体がなかった。

ああ‼　だからさっきのななの言葉「連れてきてくれて」じゃなく、「（身体を）運んできてくれて、ありがとう」だったたんだじゃないの⁉

ん？　なんだろうか。なんだか、パズルを解いているような気がする。

えっと、ななをかわいがっていたりんにとって、小夏は「お帰り」だし、小夏を運んできた私は侵入者じゃないから、挨拶に寄ってくれたのか？

だから、小夏（なな）と初対面で中継役のなっつは、去勢で数日、小夏が環境に慣れるまで不在だったのか？　なんだか、全てが小夏の受け入れ（＝ななの帰還？）のために、できている気がした。

人間には不思議な出来事でも、猫たちにとっては自然の流れ、予定調和だったのか？

ひまわりさんは、ななのことを「なっちゃん」と呼んでいたし、私も小夏のことを「なっちゃん」と呼んでいたのだ。

「なんだか、ななつながりですねぇ」と言うと、旦那さんが、

「妙玄さん、今日は7月7日。『ななの日』ですよ」と言った。するとひまわりさんが続けた。

「妙玄さんのカウンセリングに行って、初めてお会いしたのも7日でしたね」

な、なんじゃ、そりゃぁーー!?

「そ、そういえば」私がA地で指輪を買ったのも7日でした！

（くすくす、くすくす♪）、「なな」ずっと笑ってる……。

私はもう何がなんだか……。こういうのって偶然の一致、シンクロニシティっていうのか？

頭がくらくらする（；@▽@）

なんとも不思議な感覚になりながら小夏をお願いし、ひまわりさん宅を後にした。その後、ひまわりさんから、猫たちの生活のようすがメールで届けられた。

「あのびびりのりんが、小夏のところにお気に入りのおもちゃを持っていってあげ、一緒に小夏

のそばにいたりします。りんがよく小夏の世話をしてくれます。なっつは去勢から帰ったら、小夏がいる状態にまだ慣れず、小夏も負けずにお互いシャーしています。だんだん、慣れてくれると思います」

りんにとって小夏は新参者じゃなく、かわいがっていた「なな」の匂い（要素？　思い出？）があるのかも……。

ひわまりさんが、なっつの新しい写真を送ってくれた。施設でその写真を見て愛さんと同時に声を上げた。

「なっつ、怒ってるねぇ（笑）」

そりゃ、おもしろくないよね。去勢から帰ってきたら、自分がようやく入れた家に新参者がいるし。しばらく自分が一番にちやほやされると思っていたのに、ちびがきて、その座も奪われるし……。

ひまわりさんに「なっつ、上記の理由で怒ってます。なっつが一番！　と言ってあげてくださいね」と伝えると、「そうかも！　なんかいじけてる感じですよね。でも私には一番がなな。次がりん。次が小夏、その次がなっつなんです」

「ひわまりさん、なっつはひまわりさんのその気持ちに気づいていると思います。ですが、りんには「りんが一番よ！」、小夏には「小夏が一番よ！」、なっつには「なっつが一番かわいい！」と、おのおのに他の猫に聞こえないように言ってあげてください。そう言ってあげれば、みんな嬉しい。満足しますから」そう伝えると、「妙玄さん、目からウロコです。なっつにそう言ってあげたら、嬉しそうです！　そうですよね。みんなが一番！　って言ってあげていいんですよね」

しかし、不思議なのは、送られてきた捕獲前のなっつの写真を見ると、いかにも丸くて大きなオス顔と、立派なオス体型。愛さんと首をかしげる。

「なんでこんな立派なオス顔の猫を、メスだと思っていたんだろう？」

ことの真相は分からないが、分かっていることは、この子がメスだったら「小夏」と名づけられて、ひまわりさんは施設の小夏の里親にはなっていなかったこと。そして、なっつが初めからオスだと分かっていたら、先住のりんがオスなので、なっつは保護していなかったということだ。まぁ、この程度の目くらましを猫たちはよく使う。愛さんなんて、だまされっぱなしだしね。

さらにこんな報告もしてくれた。「最近、小夏が自分から私のひざに来てくれるんですよ。「にゃぁ～」って、甘えてくれるのが、嬉しくてかわいくて。骨折のテーピングももう少しで取れるそうです。手はちゃんと動くから大丈夫ですよ」

そうなんだ、そうなんだ。小夏、良かったね、良かった……。

まだ赤ちゃんなのに、お母さんとはぐれたのか、3箇所も骨折して、たった一人でオフィス街の茂みに隠れていたんだよね。だれを見ても、シャーシャー言って固まっていた小夏。まだ歯も爪もちっちゃくて、噛む力も弱いから、全然怖くないいんだけど、小夏にはそれしか身を守る方法がなかったんだもんね。一生懸命言ってたね。

「シャァー！　シャァー！（来ないで！　来ないでよ！　私強いのよ！　ひっかくわよ！　来ないで！　怖い怖い！）」

その姿に涙がこぼれた日々。ひまわりさんからのメールを見ていたら、ふいに小夏がひまわりさんに甘える映像と声が浮かぶ。

「にゃぁ～。にゃぁ～（ママ、ママ、小夏のママ！）」

そう甘えて、ひまわりさんのヒザに乗る小夏と、嬉しそうなひまわりさんの優しい手。

「シャー、シャー」としか言えず、無表情の小夏が「ママ……」って笑って甘えてる。

（ママのおひざ、と～っても気持ちいいの。お胸も、と～ってもあったかいの、ママだ～い好き！）

そんな声が聞こえる。

「妙玄さん、奇跡的に3匹は仲良しになれました。りんは♂のなっつも小夏も受け入れてくれて、なっつも小夏を受け入れて、こんな仲良く暮らせるなんて、奇跡です！　全てに感謝です。思い切って妙玄さんのカウンセリングに行って良かった。ななが亡くなって、止まっていた私の人生があれから動き出しました」

ここでめでたし、めでたし。なのではあるが、後日この話を漫画化してくれた漫画家のオノユウリさんから、興奮気味でメールが届いた。

「妙玄さん！　漫画描き終わって気づいたんですけど、ななと小夏って、ななの足の模様と小夏のテーピングの位置がばっちり一緒じゃないですか？　もしかして、小夏って、ななの生まれ変わりじゃないんですか⁉」

えっ⁉　と思い、ななと小夏の写真を見比べてみると……。

やんちゃで甘えっ子だったなな

ななはミケで、左足は白なのだが、右足は手首だけが白く、手首から肩まで、黒いストッキングをはいているような変わった模様。小夏のテーピングもまた右足首から肩までのものだった。

もうもう、ここまでいろんな運命の糸が

織り込まれると、もはや驚くより、感心してしまう。ふ〜ん、なるほどねぇ、そうきたかって。
生まれ変わり。そういうこともあるかもしれない。

捨てられた子猫が保護され、幸せになれる確率は、たくさんの不幸な子の中のほんの、ほんの一握りなのだと思う。

でも、どの子も差し出された〝優しい手〟と遭遇するのは、偶然ではなく、手を差し出してくれた人と法縁（仏縁）があったのだ、とも思う。

私がひまわりさんに出会う1年前、東北慰霊に行き「あの指輪」を買ったときから、私はすでに、ななの（動物の神様の？）パシリとして動かされていたように……。

猫たちのパシリ。動物の神さまのパシリ。

「宗教とは何を信仰するか？　どの神を信ずるか？　ではなく、宗教とは自分以外のものに尽くすこと、自分以外の誰かの役に立つ、その行為そのものである」

捨てられた小さな命が高野山の阿闍梨に、宗教の神髄を指南する。

第10話

老ホームレスと犬のコロ・クロ

コロとクロ

河川敷高架下での、6匹の猫の首つり虐待事件（第5話）。実はこのとき現場で、私は愛さんから一人の老ホームレスさんを紹介されていた。老ホームレス小沢さんは、現在、虐待現場からほど近い藪の中に小屋を建てているが、河川敷を転々とし、ホームレス歴は30年近くになるという。

愛さんが藪に向かって「おーい！　おーい！　小沢さぁーん！　いるかぁー⁉」と呼ぶと、藪の中からガサゴソと、70代半ばくらいの老ホームレスが現れた。そのすぐ後から「わんわん！　わん！　わん！」元気よく2頭の犬も走り出てきた。

2頭の犬は茶色で中毛中型。ザ・雑種という風貌で、今どきの都会では珍しい。リードはされていないが、2頭は老ホームレスのそばを嬉しそうに走り回りながら、愛さんと私のもとに挨拶にやってきた。「ああ、この子たち笑ってる」2頭の第一印象だった。

お母さん犬のコロはこのとき14歳。1歳くらいのとき、妊娠して身重のまま河川敷に捨てられた。息子のクロ♂は13歳。コロが3匹産んだ子供の1頭である。

愛さんが、この老ホームレスと犬たちのことを知ったのは、14年ほど前にさかのぼる。ある大きな公園に住みついていた数十人のホームレスたちが、そこに捨てられた犬や猫にご飯をあげて、一緒に暮らしていたという。しかし、不妊手術をしていない犬猫たちはどんどんと子供を産み、またたく間に犬が16頭、猫が50匹くらいに増えていった。近所からのクレームや行政からの退去命令が出ている、という話を愛さんが聞くところとなり、関わることになったそうだ。他の保護団体とも協力し、全ての犬猫に不妊手術を施し、愛さんはその中の3頭の犬を引き取った。

そのとき、ホームレスの小沢さんと一緒にいたのが、妊娠して身重のまま捨てられた出産寸前のコロだった。お腹が大きい中型の雑種。誰も助けてはくれず、コロは数日間、公園をさまよっていたらしい。そんなコロを見つけて手を差し伸べたのは、この老ホームレスだった。

愛さんが関わることになった直後、すぐにコロは3頭の子犬を産み、クロ・ぽち・ちびと名づけられた。里子に出せる年齢になると、ぽちとちびはすぐに里親が決定。最後まで里親が決まらなかったクロはお母さん犬コロと共に、愛さんが不妊手術をし、登録を済ませた。

愛さんが引き取ろうとしたのだが、「コロ・クロと暮らしたい！」という小沢さんの熱望により、犬たちは小沢さんと一緒に暮らすことになった。お母さん犬コロ1歳、息子の子犬クロ。河川敷に居を移した老ホームレスと2頭の犬たちは、それから13年の月日をともにすることになる。

この頃の小沢さんは住居こそ河川敷の小屋だったが、そこから建築関係の仕事にも行っていた。小沢さんは犬たちをかわいがっていたのだが、酔っぱらうと犬を放してしまうので、遠くまで遊びに行ってしまうクロは、しばらくは愛さんの電話番号を書いた首輪をしていたという。

「何かあったら、必ず俺に言え」愛さんはそう小沢さんに伝えていた。

働いているとはいえ、ホームレスの仕事は安定しない。仕事内容もそうだが、彼らホームレスは人間関係や生き方に様々なトラブルを抱えている。小沢さんもいろいろ事情のある人らしいが、自分の食べ物を削ってでも、犬たちのご飯を買い、ときには1つのお弁当を一人と2頭で分け、彼らは13年間という年月を寄り添って生きていたようだった。

そんなコロ・クロの河川敷の住まいに、首つり虐待事件がきっかけで、私は初めて行ったのだ。このとき、コロ14歳、クロ13歳になっていた。初めて会った犬たちは、かわいがられて生きてきたことがわかるような、とてもいい子たちだった。

「こんにちは」と挨拶すると、彼らはニコニコと嬉しそうに笑いながら、老ホームレスのそばからあまり離れず走りまわっていた。こういってはなんだが、ホームレスさんの犬にしては、健康状態も良好で、毛づやも良く、高齢の中型犬にしてはかなり若々しい。しかし、元気な犬たちと対照的に、愛さんを見て笑いながら近づいてきた老ホームレス・小沢さんを見た第一印象は、（病的にやせているなぁ）だった。

「ずいぶんやせたなぁ。大丈夫か？」と愛さんの問いかけに、

「まぁ、病院には行っていますから、薬飲んでるし、大丈夫です」と答える小沢さん。

「何かあったら、いつでも言ってこいよ。犬たちはいつでも預かるから」

身寄りもなくお金もないホームレスとその犬に、こんな言葉をかけるのは、私が知る限り愛さんくらいだ。

施設に戻る車中で、愛さんがポツリとつぶやいた。

「あいつ、がんなんだ。福祉で（医療保護）病院にかかってる。犬より先に死なないといいんだが。コロ・クロは14歳と13歳だから、そろそろ寿命なんだけど、犬より先にアイツが死んだら、犬たちはかわいそうだなぁ」

その言葉に「そうですねぇ……」と言いながら、元気な犬たちと、やせこけたお父さんの姿を思い気分が沈んだ。

自分の犬や猫よりも先に飼い主が死ぬ。かわいがられた犬猫にとって、それより辛いことはない。事情がわからない犬猫もかわいそうだが、飼い主だって心を現世に残すだろう。

それからしばらくして、小沢さんから愛さんに連絡が入った。

「検査入院するので、少し犬を預かってもらえませんか？」

すぐに車で犬たちを迎えに、愛さんと小沢さんの小屋に向かった。見るからに身体に力が入らなそうな小沢さんが、ゆっくりと近づいてくる姿を見て、ぎょっ！　とした。

やせていた前回よりさらにやせこけて、頭毛は抜け、目は落ちくぼみ、それはがんの末期特有の風貌や気を放っていた。物心ついたときから車に乗ったことがない犬たちは、車に乗ること、お父さんと離れること、そして自分たちの家を離れることをとても嫌がった。

そうだよね。嫌だよね……。

犬たちは私たちに抱えられるのを、身をよじって抵抗したが、小沢さんにはもう、犬たちを車に抱き上げる力も残っていなかった。なんとか、犬を車内のケージに入れると、

「迷惑かけてすみません。検査なので、1週間くらいで退院できますから」

そう言って小沢さんが愛さんに深々と頭を下げた。

「何言ってんだ。犬のことは心配するな。それより、早く帰ってあげてくれよ。途中で検査の内容を電話してきてくれな」

走り出した車の中、犬たちはソワソワと落ち着かない。

「あいつ、退院できるかなぁ」

愛さんのひとり言なのか、問いかけなのか分からない言葉に、そうですねぇと答えながら、小

沢さんの生気のない顔を思い出していた。

「病院の駐車場で、犬たちと会わせてあげたいですね」私がそう言うと、

「ん？　あいつ、帰って来られないと思うの？」

そう聞かれたが私は答えることができず、そのあと、お互い沈黙のまま施設に戻った。

小沢さんは歩けなくなるまで、この子たちと一緒に暮らしていた。明日入院というギリギリまで犬たちと河川敷で過ごした。本人も知っていたのではないかと思う。もう自分は帰ってこられないということを。

なるべくこの2頭が住みやすいようにと、例によって愛さんが施設の犬小屋を改造。季節は真冬。寒かろうとふとんやら毛布やらを敷き詰めたが、河川敷生活が長く、毛が深い犬たちは、あたたかい室内から出て、外の運動場で寄り添って眠っていた。彼らはしばらく、お父さんを恋しがって「ひ～ん、ひ～ん」と鳴き続け、散歩に行くたびにキョロキョロとお父さんを探し、リードを引っ張って元の家の方向に行きたがった。その姿を見るたびに、これは手遅れにならないうちに、早くお父さんと面会させてあげないと！　と、私は気持ちばかりが焦っていた。

1週間がたち、小沢さんから電話がきた。

「退院できないかもしれません。すみません。どうか犬たちをお願いします」

愛さんが引き取らなければ、保健所行きとなるホームレスの老犬2頭。このとき、愛さんの施設は移転せざるを得ない状況で、その資金不足で本当に困窮していたのだ。しかし、愛さんに選択の余地があろうはずがない。

「大丈夫だ！　犬はまかせて、治療に専念するんだぞ」

そう言いながら、小沢さんの死期が近いことを覚悟しなければならなかった。

犬たちは人間の事情がわからない。いくら愛さんや私が犬たちの環境を整え、どんなにかわいがったとしても、コロとクロにしてみたら、いきなりお父さんと引き離され、家から連れ去られ、拉致監禁されたようなものである。散歩に行くたび、「ひ～ん、ひ～ん」と鳴き、お父さんを探す犬たち。小沢さんと似たような背格好のおじさんを見かけるたびに、リードを引っ張り、涙目で振り返り（行かせて！）と懇願するように私を見る。そんな、この子たちが不憫で、不憫で、そのたびにヒリヒリと胸が痛んだ。

「ごめんね。ごめんね。ここで我慢してね。一生懸命お世話するから。いつまでも、お父さんを探すのだろうけど、ここがあなたたちのお家なんだよ」

散歩のたびに納得させるように、私は犬に語りかけた。犬たちがわがままを言うでなく、ただ首をうなだれて、うながされるようにトボトボと小屋に戻る姿が、さらに私の気持ちを落ち込ませた。

早く、お父さんに会わせてあげたいなぁ。何度か会えれば、(また、お父さんと会えるんだ!)と犬たちも落ち着くのだろうけど。

そんなある日、コロとクロを散歩させていたら、なぜか? クロの伸縮リードが手から離れ地面に落ちた。その瞬間、クロが一目散に、お父さんと暮らしていた元の小屋の方向に走り出した。

「ク、クロぉ〜〜〜!!」私の絶叫もむなしく、クロはただの一度も振り返らずに、走り去ってしまった。顔面蒼白で、1キロくらいダッシュした私は、中年の身体が悲鳴をあげ、ゼェゼェ、ひゅうひゅうと心臓発作を起こしそうになり、その場にへたりこんだ。

逃げられたら大変! そう思って注意していたのに。お父さんと住んでた方向にまっしぐらに行っちゃった。車で30分くらいかかる距離。途中に大きな道路もある。車にはねられたらどうしよう。もし迷子になっていたらどうしよう。そう思いながら、近くにいた知り合いのホームレスさんの自転車を借りて、捜索開始。道々クロの目撃情報を聞くと、

「5分くらい前に犬が凄い勢いで走っていったよ」

「茶色の犬が、まっすぐあっちの方に走っていった」

やはりクロはお父さんの小屋に一直線に向かっていた。早く! 早く! と焦るも、なんでこ

の自転車、こいでも、こいでも進まないの⁉　ホームレスさんの自転車、チェーンがゆるんでんだか？　なんだか？　ほとんど進まない！　歩く人よりは早いけど、ジョギングの人には追い抜かれる始末……。

50分くらいかかって、小沢さんの小屋に到着。「クロ！　クロー！」叫びながら小屋に飛び込むと、お父さんのベッドのすみにクロがうずくまっていた。「クロォ……」ひざまずいて思わず抱きしめる。「よかった。とにかく無事にいてよかった」

クロが身を引いて固くする。そうだよね、やっと帰ってこられたお父さんとの居場所なのに。でも、探しても、探しても、お父さんはいなかったんだよね。さぞかし走り回って、探し回ったんだろうね。その上、迎えに来たのはさして馴染みのない尼僧。

せめてお父さんと長年暮らしたここに置いてあげたいけど、誰もいない河川敷の小屋に、犬だけ置くわけにはいかなかった。

しばらくして連絡を受けた愛さんが、哀しそうに歪んだ顔をしながら駆けつけてきた。

「さあ、クロ、帰るぞ」声をかけるも、クロは主がいないベッドにしがみつく。辛い光景だが、そんなクロを無理やり引きはがし、抱えて車に乗せる。

「ぎゃわぁぁ～～ん！　ぎゃわぁぁーー‼」

クロが全身をよじって叫び、抵抗する。犬にとっては虐待だよなぁ、これって。

お父さんの毛布や洋服を何枚か持って施設に帰り、小屋の中に敷き詰めると、ようやくコロもクロも少しだけ落ち着いた。その日から、犬たちは散歩から帰ると、犬小屋に入りたがり、必ずお父さんの毛布の上に座るか、枕を抱え顔をうずめた。クロはお父さんの上着を一生懸命、丸めてお腹の下に入れていた。

あんなに施設のふとんや敷物を嫌がったのに……。お父さんとの小屋に行ったけど、お父さんがいなかったこと。ここには、お父さんの匂いがあること。こうして、犬たちは自分たちなりに、運命を享受していけるのだろうか？

年の割には俊敏なクロと違い、お母さん犬のコロは、肥満気味で足もおぼつかない感じであった。それなのに、実はこのあと、ここでの生活が落ち着いたかな？　と思われた矢先、コロにも一度施設を脱走されたのである。

ある夜、あまりにもコロが吠え続けるので、深夜に愛さんが散歩に行きおやつをあげ、しばらく声をかけながら身体中をかいていたのだが、コロは大声で吠え続けた。あまりに大きな吠える声が続いたので、ご近所の手前、愛さん

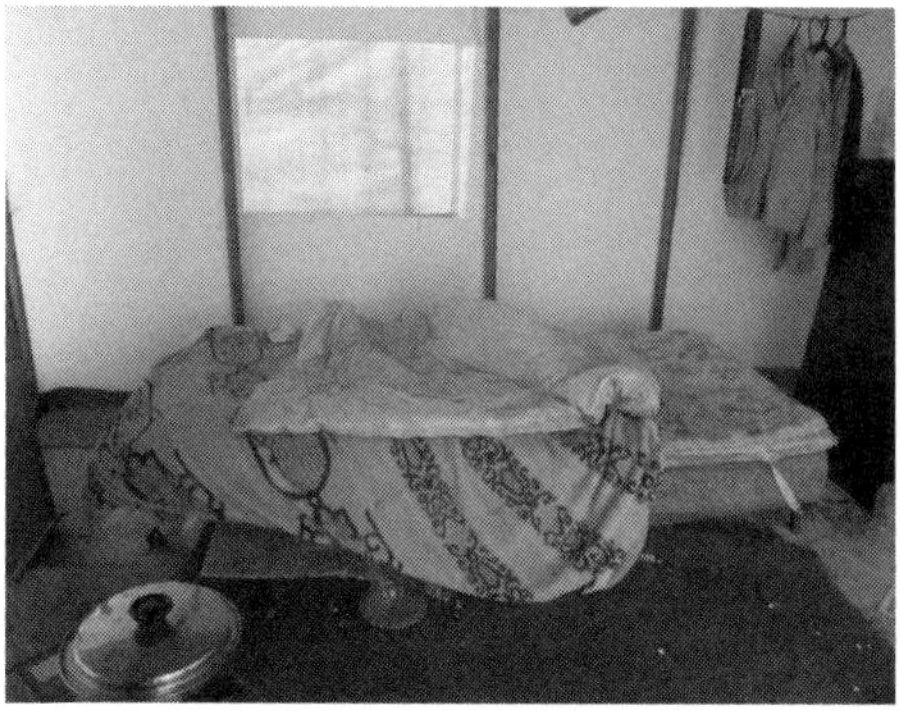

お父さんと暮らした河川敷の小屋

がコロを叱ったら、いつもはフルフルと震えながら歩いていたコロがスルリと愛さんの横を抜け、脱兎の如く走り出した。お父さんの小屋がある方向に。深夜3時。愛さんは自転車で小沢さんの小屋に向かった。やはり、コロはそこにいたのである。クロと同じように主がいないベッドに、うずくまっていたという。

〝犬は飼い主を忘れない〟

犬の飼い主に対する思いは、私たち人間が持つ家族愛、夫婦愛というものより、強く純粋なのかもしれない。私たち人間は相手の環境や状況、経済、性格、体調によって、寄り添ったり、別れたりするが、犬はどんなときでも飼い主に寄り添う。その一途さはこの世で一番純粋なものなのではないか、と私は思う。

やっと辿り着いた懐かしい家。待ってると思ったお父さんはいない。愛さんが迎えに行くと、コロはスゴスゴと施設に一緒に帰ってきたという。

一度ずつ脱走したコロとクロ。「帰りたい！」その強烈な思いを遂げたのだが、肝心のお父さんがいなかった。それから、2頭は脱走しようともせず、お父さんと似たような人を追うこともだんだんとなくなった。それでも私は知っていた。彼らは決してお父さんを忘れたわけではないと。

脱走劇からしばらくして、小沢さんから電話があった。

「病院でよくしてもらってます。まだ退院できませんが……」

「そうか、犬たちを連れて行けるぞ。駐車場で会わせてもらえるか、先生に聞いてみてくれ」

「先生は『いいですよ』というんですけど、犬の面倒をお願いするだけでも心苦しいのに、忙しい愛さんにこれ以上迷惑をかけるのは……」

犬たちと会うことを、遠慮していた小沢さんに愛さんは言った。

「犬たちが会いたがっているんだ。この子たちのために会わせたいんだ。俺が会わせてあげたいんだ！」

「じゃあ、よろしくお願いします。犬たちに会えるんですね」

小沢さんも嬉しそうだったという。その話を聞いて、飛び上がった！

「やったぁ～‼　会えるよお父さんに会えるよ！　よかったねぇ～、コロ！　クロ‼」

「愛さん、何時に先生と約束ですか？」

夕方、大急ぎで作業を終わらせ、約束の時間に間に合うように施設を出た。途中、犬たちが住んでいたお父さんの小屋のすぐ近くを車で通ると、ケージの中のクロが突然、叫び声を上げ、暴れ出した。

「ぎゃわぁぁぁーーーん！　ぎゃわぁぁぁーーーん‼」

外で暮らしていた犬ってすごい。方向なのか、土地の匂いなのか、感覚なのか、ケージに入れられて車に乗せられて、外も見えないのに、自分の家が分かるなんて。

病院の駐車場につくころには、あたりはすっかり暗くなっていた。コロとクロをケージから出し、スタンバイ。

「お父さん、来るよ！　お父さん来るよ！」

そういうと、クロがそわそわ、そわそわし始めた。

少し待つと、主治医の女医さんと看護婦さんに付き添われ、車イスで小沢さんがやってきた。始め犬たちはお父さんが近くに来ても、戸惑っていた。人は病気をすると体臭が変化する。薬品の匂いもするようで、犬たちは、「あれ？」という顔をしていたが、次の瞬間、2頭が雄叫びを上げて、車イスのお父さんに飛びかかった。初めて聞く、犬たちの歓喜の声。必死の形相。それはまさに、絞り出すような絶叫だった。


そんな光景を見ながら私はぼんやりと、しゃもんのことを考えていた。

（ああ、私も天寿を終え死んだとき、天で待つしゃもんと再会するときは、私のしゃもんもこんな悲鳴をあげてくれるのかなぁ……）

会いたくて、会いたくて、会いたくて、どれだけ泣いたか。

恋しくて、恋しくて、恋しくて、どれだけ苦しんだか。

何度も夢見た愛しい相手との再会。

大事なうちの子を送った。そんな事情をわかっている、私たちでもそうなのだ。

わかってる、けど、会いたくて、恋しくて、抱きしめたくて。ましてや、犬たちはお父さんの事情もわからず、突然に引き離されたのだ。もうもうもう、その歓喜の状況ったらなかった。

こんなときは、本当に厳しい経済状況の中で、犬たちを引き取ったこと、猫と違って何度も何度も散歩に行くこと、また犬たちの小屋も必要になったこと。でも、そんなお金とか苦労とかに代えられないものが、ここにはあった。それがこのような「琴線に触れる体験」「魂を揺さぶる経験」なのだなぁ、と実感した。


愛さんの施設では落胆や困窮も多々あるが、このような感動や感涙といったこともまた同じくらいあったのである。こんな大変なことを愛さんは、サラリと何十年もやってきたのだ。だから愛さんは貧乏なのだが、だとしたら「豊かさ」とは一体何なのか?

「豊かな人生とは、やりたいことが、やりたいときにできる人生」

そんな先人の言葉を思いだした。だとしたら、愛さんも私も貧乏だけど、きっと豊かな人生だ。

犬猫たちが教えてくれる感動と純情。そして豊かな人生。

本当に犬は、飼い主が大金持ちでも、ホームレスでも関係がない。たとえ、一緒にホームレス生活をしても、自分のお父さんがいいのだ。自分の大好きなお父さんが、お金持ちからホームレスになっても、それでもやっぱり、お父さんがいい。

理由はシンプル。「好きだから！」「大好き！　だから」

自分のパートナーを決めるときに「お金」や「地位」を考慮するのは、自然界では人間だけだなぁ、そんなことを思った。


小沢さんの主治医の女医さんも看護婦さんもとてもいい方で、寒い中、いつまでも、いつまでもお父さんに甘える犬たちに付き合ってくださった。

犬たちは飽きることなく、しつこくしつこく、お父さんに甘えていた。

車イスのお父さんの足やひざに顔をこすりつけ、身体をくねらせて全身で喜びを表現していた。

ポケットから煙草《たばこ》を取り出して吸おうとする小沢さんに、看護婦さんが「あら～小沢さん、煙草はいいのかなぁ～」と優しく諭すと、主治医の女医さんが「いいよ。いいよ。吸っちゃいな」と言った。その先生の言葉に、骸骨のようになっていた小沢さんの寿命が、残っていないことを感じた。

（長くないんだ……）

駐車場はかなり寒かったので、あまり長時間は小沢さんの体に障る。

「また面会できますよ」という先生の快諾をもらって、お父さんは病室に戻っていった。

お父さんが入っていった玄関をいつまでも見ている犬たちをなだめて、施設に戻った。

施設に帰った犬たちは、お父さんに会えたことで、さらに落ち着いたようだった。何度か会わせてあげられれば、犬たちなりに受け入れられるのだろうか？　お父さんとの遠くない別れを。


それからしばらくして、また小沢さんから「明日、犬たちに会えますか？」と遠慮がちな電話があった。またお父さんと会わせてあげられる！　うわぉ！　もうもうパシリ冥利に尽きるなぁ。良かったなぁ。早く病院に行きたい。早く明日になあれ！


翌日の夕方にまた駐車場で約束していたのに、その日の朝、小沢さんが亡くなったと連絡が入った。半日の差。半日の差で、会わせてあげられなかった。

「わあぁぁぁーーー!!」

年甲斐もなく声をあげて、私は泣いた。悔しかった。情けなかった。

犬小屋に入り、犬たちに告げた。

「お父さん、死んじゃった」

犬たちはぽかんと私を見つめていた。

「ごめん、コロ。ごめん、クロ。会わせてあげられなくてごめんねぇ……」

数日後、小沢さんが亡くなった病院へ愛さんと行き、先生方へ御礼とご挨拶をした。

そして、犬たちをお父さんと暮らした小屋に連れて行った。

愛さんと犬たちと、尼僧である私の河川敷でのささやかな弔《とむら》い。

お父さんはホームレス。医療福祉なので、焼き場にお坊さんは来ない。

火葬をするときに僧侶は来ず、読経はなしなのだ。

犬たちにとって懐かしい河川敷の小屋。お父さんが育てた畑には雑草が生え始めていた。そんなところで私たちは、小さなご供養をさせていただいた。薄暗闇に燈明の光と線香の煙が揺れた。

河川敷の小屋に静かな読経が流れた。

「ふぅ……」ご供養を終えて、小さく息を吐き立ち上がると、犬用の食器が2つ、目に入った。

コロとクロの器かな、きれいに洗ってふせてある。こんなきれいな器でご飯食べていたんだね。

かわいがってもらっていたんだね。


小沢さんのささやかな葬儀を終えて施設に帰り、待ちかねた猫たちにご飯をあげて、犬の散歩をすませた。逢魔《おうま》が時、犬たちを犬小屋に入れようとしたら、真っ暗な犬小屋の奥の壁に人影が見えた。ぎょっ！　としてフリーズしたまま凝視すると、その人影は、少しひざを曲げ、両手をひざ近くに添え、こうべを垂れた〝お父さんの姿〟だった。その影は無言で私に向かって頭を下げているように思えた。その両横にフセをして置物のような無表情で、こちらを向いているコロとクロの姿が見えた。それはまるで神社の狛犬《こまいぬ》のようだった。

しかし、犬たちの本体はリードをつけたまま私の足元にいるのだが……。

どうしていいやら分からなかったので、影に向かって私も頭を下げた。

夜の河川敷での小さな弔い

その夜、私が施設を後にした深夜、犬たちが初めて遠吠えをしたという。

「うおぉぉぉーーーーん。うおぉぉぉーーーーん」

切ない声の遠吠えは長く長く続き、深夜の星空に染み込んでいった。

「あの子たちの遠吠えなんて、初めて聞いたな。あいつが来たのかな？」

そういう愛さんに、私は自分が見たことを話さなかった。気のせいかもしれないし……。でも、お父さんは来ていたのだ、と私は思っている。

数日してコロ・クロをお父さんとの河川敷の小屋に連れて行き、中に入っていると、数人の刑事さんが来て小屋の外から呼ばれた。私がボランティアであること、僧侶であること、この小屋の住人・小沢さんから犬たちを引き取ったことなどを話した。

どうやら小沢さんは、何かやらかしていたようなのだ。それを聞いても、もはや驚かない図太さと諦観を、5年半の河川敷ボラで私は身につけていた。家族からも、友人からも、社会からもドロップアウトしたホームレスさんたちは、いろいろな事情や裏の顔があるものだ。

どんな裏の顔があっても、しょっちゅう泥酔していても、コロ・クロにとっては関係がない。14年前、妊娠してから河川敷に捨てられたコロを助けてくれ、この犬たちとともに暮らしていたのは、まぎれもなくお父さんだったのだから。

たとえどんな事情があるにせよ、犬たちはお父さんが大好きなのだ。そして、それは不器用な飼い方だったかもしれないが、このお父さんが犬たちを13年も育ててきたのだ。

彼は彼なりに、犬たちを愛していた。

死してなお、頭をさげに出てきたのだから。

遠くない未来に、コロ・クロは、お父さんと再会できることだろう。それまで、虹の橋のたもとで待っているのは、お父さんのほうに違いない。

おわりに

妙玄ワールドはいかがでしたでしょうか？

実は愛さんの施設は、２０１５年の８月24日に、たくさんの方のお力を借りて、某県に移転をしました。

本書に出てくる施設は移転前の旧・施設でのお話です。

移転の理由はいろいろあるのですが、愛さんのプライベートな部分には触れていないため、その他の部分で解説をしますね。

移転間際の木造の旧・施設は、とにかくボロボロで、暴風雨のときなどは「ここは外ですかぁー！？」というくらい、どこもかしこも、豪快な雨もり。

さらに配線と電圧の関係で、施設では洗濯機や掃除機、電子レンジ、クーラー、扇風機、エアコンなどの電化製品がほとんど使えませんでした。

冬は極寒の中、タライに張った氷を割って、冷水で猫のシーツや敷物を手洗いするのですが、本殿周りとシェルターだけでも、50匹はいるのです。

さらに施設にいる子は病気や高齢、トイレで用をしないなど、里子に行けなかった子ばかり。その子たちが汚したシーツや毛布などは〝洗濯無限地獄〟です。

そんな冬の施設も過酷な作業でしたが、夏はまさに命がけという環境でした。なんせ日本は、年々気温も40度近くの殺人猛暑日が続く、という亜熱帯化の気候になっていく中……、電化製品が使えないって……。

愛さんは熱中症で手遅れ寸前になり、2週間も入院するわ、氷で冷やしても冷やしても、毛の深い老犬は本当に死にそうだわ、あげく老猫たちも死ぬ寸前です。

数年前まではここまで暑くなく、涼しいところを見つける名人の猫たちまでも死にそうとは、まさに異常事態。


そのような施設自体の環境や老朽化（というより、ほぼ朽ちてるし！）、に加え、やはり一番の問題は、河川敷に捨てられ際限なく持ち込まれる動物たちです。

24年間、愛さんはこのような動物たちを、たとえ誰が捨てようと黙って引き取って、治療を施し、居場所を作り、里子に出したり、施設の子にしてきたりしてきました。ですが、仕切りもない河川敷に捨てられる子、遠方から流れてくる子、どこかで新たに生まれた子など、それこそ制限も終わりもありません。

愛さんのような保護活動家は、長年無理をした生活を強いられます。それは自分の肉体を酷使せざるを得ないことや日々の金策、人間関係のストレス、それは様々な要因があり、病気になるケースが多いのが現実です。

たくさんの動物たちを救済してきた人は、自分自身のことも救済する必要があると私は思うのです。そのように、「助けた動物も幸せ」になり、「助けた自分も幸せ」になり、「応援する人も幸せな気持ちになる」。このような三者がお互いにつながり、助け合う、上昇のスパイラルを作っていかないと、次世代に保護・愛護活動をやろう！　という若い人がいなくなってしまいます。

そんな事情の中、愛さんは移転を決意し、さまざまな方のお力をお借りして、移転は実現したのです。

愛さんが選んだこの場所は、都会に暮らす私たちにはとても不便ではありますが、近隣トラブルが皆無。そして、豊かな自然と温暖な気候。虫もあまりいなくて、動物たちにとっては最高の立地条件です。ここに犬・猫・ウサギ・烏骨鶏・鳩を連れての民族大移動。

ほぼ500坪の敷地周辺をフェンスで囲い、猫が出られないように猫返しをつける。猫科の動物をシェルターや小屋に入れず、広い敷地に放す。こんな恐ろしい発想、愛さんにしかできません。通常の保護施設では〝シェルターを作る〟ということが最終目標になることが多いかと思います。なのに愛さんの施設では、〝シェルター（囲い）から出して自由にさせる〟ということが最終目標でした。

さまざまな意味で超・難産の結果生まれたこの施設は、広い敷地を猫たちが小鹿のように飛び跳ね、大きな木に登ったり、鳩小屋や猫小屋の上で昼寝をしたり、東屋《あずまや》の中でグルーミングをしたり、ログハウスでかくれんぼをしています。

愛さんや私が作業場に行くと、猫ドアから侵入し、思い思いの場所からご飯の催促をする。猫たちが自分の居場所を自分で決められる、猫が本来の生き方のできる施設になりました。

ジャイコやにじお、ちびりといった古参の子たちは、長年暮らした旧施設での生涯を選んだようでした。一緒に新しい施設に行きたかったのですが……。

あかりもまた、「あかりばあちゃんの介護日記」の原稿を書き上げた移転直前に、急死したのです。全盲でボケたあかり用に、新施設には、人がいる部屋に隣接した温室タイプの介護部屋を作りました。いつでも、あかりの様子が見えるように、いつでもお世話ができるように。

あかりは、そのあかり専用の介護部屋を使うことなく、亡くなりました。急に食欲がなくなったので、獣医さんで点滴や抗生剤などの治療をしてもらうと、翌日には、詰まり気味で苦しそうだった鼻の詰まりもとれ、すっきりさっぱりした体調で、ご飯もたくさん食べ、上機嫌で眠りにつきました。そして、そのまま逝ったのです。あかりは新しい施設に介護部屋を作ってくれたのですが、自分では使うことなく逝きました。旧施設であかりの埋葬と読経を終えた時、

「あかりちゃん、介護部屋作ってくれて、ありがとう。年寄りや重い病気になった子に、使わせてもらうね。お世話させてくれて、ありがとう。早く神さまに元気な身体をもらえるといいね」

ぽろぽろと泣きながら、手を合わせました。

なんだか力が抜けてしまい作業をするのも億劫。すると、ふとあるものが目に入ったのです。

この施設を知っている近所のキリスト教系の新興宗教団体が、定期的にポストインし

ていった会報でした。

今まで目を通したことはなかったのですが、何の気なしにパラパラとめくると、ある聖書の一節？　が飛び込んできました。

「私はこの地に辿り着いた。この地が私のサンクチュアリ」

人と絆ある犬や猫たちは、数々の魔法や奇跡、シンクロニシティを見せてくれるもので、仕事柄、自分でもそのようなことを体験し、多くの方からたくさんの不思議を聞く私ですが、さすがに、そのページを持ったまま固まってしまいました。サンクチュアリとは、聖域と訳され、自分にとっての聖なる場所という意味です。

「そうか、あかりちゃん、怒ってばっかいたけど、そんなふうに思ってくれたんだね。新しい施設に連れて行きたかったけど、ここがあなたのサンクチュアリだったんだね」

この一節はあかりの言葉、私はそう思うことにしました。

そう思ったほうが楽しいし、感動的です。誰に迷惑をかける解釈でもないのでね。

この移転の話を進めていくうちに、私はしゃもんが死んだときに、自分で感じた３つの疑問の答えを見つけることができました。

(1)世の中には不幸な子がたくさんいるのに、1頭の犬にこんなに高度医療を施して、こんな莫大なお金をかけて良いのだろうか？

(2)私とうちの子だけの世界は至福の世界だったが、はたして自分たちだけが良ければいいのだろうか？

(3)しゃもんと出会って、しゃもんから学んだ多くのことを私一人が抱えているだけでいいのだろうか？

この答えは拙書『ペットがあなたを選んだ理由』（ハート出版）にもあるのですが、私たちの大切な子たちは、「私とうちの子」という世界を形成しますが、その延長線上には、「私とうちの子と自分以外の他者とのつながり」があるのではないか？　と私は感じています。

犬や猫たちは、「私とうちの子だけの閉じられた世界」という過程を通り、私たちを「私とうちの子と法縁の世界へ」と連れ出します。法縁の世界とは、他者とのつながりを通して、目に見えない大いなるものへとのつながりです。俗に言う「ご縁がある」というところでしょうか。

しゃもんがつなげてくれた愛さんの施設。そこは思いのほか「法縁てんこ盛り」の世界でした。

ここに生きたジャイコ、にじお、ちびり、元気、あかり……、たくさんの小さな生と死に、もう一度息を吹き込み、多くの方にその意義を伝えたい。

その意義の伝達こそ、しゃもんの死後、私が抱えた3つの疑問の答えであり、僧侶としての法縁であり、お役目でした。これこそが私の中では「しゃもんが私を選んだ理由」そのものでもあります。

本書から、あなたがあなたなりの「うちの子が私を選んだ理由」を見つけていただけたら、著者冥利に尽きるというものです。

もし、その理由を見つけた方は、どうか他者との法縁の世界の階段を昇ってください。

「ペットがあなたを選んだ理由」は決して、ひとつではありません。

あなたが法縁の世界で、他者とつながり、誰かの役にたち成長するたびに、またひとつ気がつくのです。

「ああ……、あの子とのご縁はこんな意味もあったのかぁ……」

「ああ……、あの子はこのために、私のところに来てくれたのかぁ……」

何年たっても、あなたの成長に応じて「うちの子が私を選んだ新たな理由」が現れます。

本書の名もなき小さな命たちが懸命に生きる姿に、「思いがけないことが連続して起こる人生」をあなたが生きてゆく勇気や力を、感じとっていただけたら嬉しいです。

「私もボランティアをやってみよう！」そんなふうに実際の行動に移してくれたら、これはもう光栄至極の境地です。

本書をお読みくださる方にそのような貢献ができたなら、私のしゃもんも、亡くなった施設の子たちも、みんな実りある〝死後生《しごせい》〟を生きられるのだと思うのです。

死してなお、なにかのお役に立てる人生もある。

死した後の人生、「死後生を生かす」。それが私たち飼い主が、亡くなった子にできる究極のご供養だと思っています。

どうか、天で待つあなたの宝物が、良き死後生を生きられますように。

謝辞

たくさんの、本当にたくさんの法縁の方々のご尽力で、旧施設で活動ができ、また素晴らしい施設に移転することができました。

今回の移転では、素晴らしい大地と設備をお貸しくださった友人・Mご夫妻には、心より感謝致します。Mご夫妻が声をかけてくださらなければ、形もなさなかった移転でした。いただいた楽園の番人のお役目に精進し、ご恩返しをしていきたいと思っております。

また、いつも力強い応援をしてくださるT子先生。先生がいらっしゃらなければ、猫たちを外で自由にさせる、というこの施設の要ができませんでした。本当にありがとうございます。

また、愛さんの施設を応援してくださる、マリアMさんとたくさんのみなさま。

それは、施設の子のご飯だったり、毛布だったり、電動機付自転車だったり、猫砂だったり、暗闇を照らす電気だったり、本当にたくさんの方々の応援に勇気をいただき、厳しい経済状況の中、動物たちだけには不自由なく、過ごさせていただいています。

施設が維持していけますのも、このようなたくさんの応援団であるみなさまのお陰さまです。いつもありがとうございます。

そんなみなさまと施設の法縁をつないでくれた、みなさんが天にお返しした宝物たちにもお礼を言います。

「お父さん、お母さんとのご縁をつなげてくれて、ありがとう。私を見つけてくれてありがとう。あなたが大好きなお父さん・お母さんに会えるときまで、どうかあなたが幸せな死後生を生きられますよう祈ります」

ハート出版の社長さま、担当佐々木さん、システム蔵本さん、また多くのみなさま、出版がのびてしまいながらも、またこのような本を上梓させていただき、ありがとうございます。

寿針灸院の木村先生。パソコン音痴の私に、いつも快く、辛抱強くメンテナンスを教えてくださり、ありがとうございます。先生がいなければ、そもそもＰＣが使えずお手上げでした。

愛さん、いつも難題を言われて立ち止まることも多々ありますが、愛さんの施設との関わりがあってこそ、とても越えられないと思うチャレンジの連続で、より多くの気づきと成長があると感謝しています。たくさん助けていただいた河川敷の動物たちとホームレス一同に代わってお礼申し上げます。長きにわたり、河川敷での救済活動お疲れさまでした。新天地では、今まで使ってこなかった「自分のための時間」を楽しみ、良き晩年をお過ごしください。

そして、いつもお力添えをくださる大いなる存在に、心からの感謝を。

最後にしゃもん。私のしゃもん、いまも変わらず愛してる……。

南無大師遍照金剛　合掌

丙子の日　森のカフェにて　妙玄

塩田妙玄 しおた・みょうげん

高野山真言宗僧侶／心理カウンセラー／生理栄養アドバイザー／陰陽五行・算命師
前職はペットライター、東京愛犬専門学校講師、やくみつるアシスタント。

その後、心理カウンセリング、生理栄養学、陰陽五行算命学を学び、心・身体・運気などの相談を受けるカウンセラーに転身。より深いご相談に対応できるよう出家。飛騨千光寺・大下大圓師僧のもと得度。高野山・飛騨で修行し、現在高野山真言宗僧侶兼カウンセラー。個人相談カウンセリング、心や身体などの各種講座、ペット供養などを受ける。

著書に『だから愛犬しゃもんと旅に出る』（どうぶつ出版）、『ペットがあなたを選んだ理由』『続・ペットがあなたを選んだ理由』（ハート出版）、『40代からの自分らしく生きる体と心と個性の磨き方』（佼成出版社）。

原作に『HONKOWAコミックス　ペットの声が聞こえたら』『ペットの声が聞こえたら〈生まれ変わり編〉』（画・オノユウリ／朝日新聞出版）

「妙庵」ホームページ　http://myogen.o.oo7.jp
ブログ「ゆるりん坊主のつぶやき」

撮影：林渓泉、中村健、塩田妙玄

捨てられたペットたちのリバーサイド物語《ストーリー》

平成27年12月10日　第１刷発行

ISBN978-4-8024-0012-1　C0036

著　者　塩田妙玄
発行者　日高裕明
発行所　ハート出版
〒171-0014 東京都豊島区池袋3－9－23
TEL. 03－3590－6077　FAX. 03－3590－6078

印刷・製本／中央精版印刷
乱丁、落丁はお取り替えします。その他お気づきの点がございましたら、お知らせ下さい。

ペットがあなたを選んだ理由

――犬の気持ち・猫の言葉が聴こえる摩訶不思議――

塩田妙玄著

ISBN978-4-89295-917-2　四六並製 270頁　本体1600円

続・ペットがあなたを選んだ理由

——なぜ、ペットを失う苦しみがあるのか？—

塩田妙玄著

第１章◆事件は現場で起きている
福島のフェニックス
子猫事件簿①
子猫事件簿②

第２章◆魂の琴線に響くとき
過去の過ちを浄化する
自分を赦す
コラム①過去の過ちを未来から浄化して起きること
コラム②過去を書き換える実践方法

第３章◆思いを行動に移す
脱走百景
誕生死！
思いは具現化する
マリアは捕獲器をつかむ

第４章◆ペットを失う苦しみの意味
最期の選択
この子はどうしたいのか？
未来への手紙

第５章◆この子を私が選んだ理由
かわいそうな子がいる訳
お父さんの日
虐待の行く末

第６章◆いのちのつながり
ノアの箱船
コラム③うちの子に送る供養の方法

ISBN978-4-89295-972-1　四六並製336頁　本体1700円